ROBOTS

pour Enfants

Fondamentaux de Robotique

Professeur Charria

Vous aimez les Robots?

Pour mon fils David.
　　　Pour l'aider dans son apprentissage.

f Robot Story

Miami, FL, USA

Robot Story

Miami, FL, USA

Table des matières

Qu'est-ce qu'un Robot?

Un Robot est une machine, avec un cerveau **informatisé** qui peuvent obéir à des ordres et parfois faire des choses par lui-même.

Robot est juste une façon de nommer ces machines qui peuvent effectuer des travaux très précisément et, parfois, de manière **répétitives**.

Souvent ils peuvent également prendre leurs propres décisions autonomes.

Qu'est-ce un Robot ne est pas

Il ya beaucoup de machines qui peuvent ressembler à des Robots. Mais ils ne sont pas. Par exemple: Une cuisinière, un réfrigérateur, un micro-ondes. Toutes ces choses sont pas des Robots.

Machines et appareils qui ne peux pas faire les choses par eux-mêmes, et que garantit la navigation anonyme font Robots simples décisions ne sont pas considérés!

Robots sont dangereux?

Avez-vous peur des robots?

En général, les Robots sont très gentils avec les gens. Ils ne sont pas faits pour nuire aux gens du tout, mais parfois ils peuvent obtenir un peu fou en raison de **dysfonctionnements**.

Un Robot de dysfonctionnement agit de la même que lorsque vous êtes malade.

Lorsque Robots sont malades, ils ne font pas les choses, mais ne oubliez pas qu'ils ne veulent jamais de nuire ou de vous effrayer.

D'où vient le mot Robot vient-il?

Il ya quelques années (1919) dans un pays nommé Checoslovaquia, il y avait un écrivain nommé Karel Capec. Il pensait à écrire des **pièces de théâtre**.

Karel Capec

Josef Capec

Il doutait se il serait acceptable d'utiliser le mot "Labori" pour nommer les "travailleurs **artificiels**" sur son jeu, il a demandé à son frère Josef, qui peignait à ce moment.

Sans faire attention, son frère a répondu:

"Il suffit d'appeler les Robots".

Et ce est ainsi que le mot "Robot" a été créé

Comment un Robot doit agir?

Les Robots doivent suivre trois principales directives appelées **Lois**.

Afin d'empêcher les humains d'être lésés par des Robots, un écrivain nommé Isaac Asimov, a décidé de définir clairement la façon dont un Robot doit agir.

Isaac Asimov

Il a défini les Trois Lois de la Robotique.

Si vous aimez les Robots vous devez apprendre ces lois très bien.

Première Loi de la Robotique

"Un Robot ne peut nuire à un être humain-être ou permettre à un être humain d'être lésés par **l'inaction**."

Un robot est là pour vous **protéger**. Il ne vous nuire en aucune façon. Se il se rend compte que quelqu'un ou quelque chose est sur le point de vous faire du mal, il fera tout ce qu'il faut pour vous protéger. Même se il est endommagé ou détruit.

Explications Robot de faire?
Comment pourriez-vous expliquer la Première Loi?

Deuxième Loi de la Robotique

"Un Robot doit obéir aux ordres de l'être humain, sauf quand ces ordres seront en **conflit** avec la Première Loi."

Je ne peux pas! Je ne le ferai pas!

Jetez-lui!

Si vous donnez un ordre à un Robot il le fera immédiatement. Qui pensez-vous obéissez ordres? Vous devez obéir aux ordres de vos parents, de la même manière les égards de Robot et suit vos commandes.

Mais, ce qui se passe lorsque quelqu'un donne des ordres à un Robot de nuire à quelqu'un que vous aimez ou souciez?

Les commandes ne le ferai pas de suivi de Robots de nuire personnes. Ce est à cause de la Première Loi. Rappelez-vous?

La troisième Loi de la Robotique

"Un Robot doit protéger sa propre existence tant que cette protection doesnt conflit avec la Première ou la Deuxième Loi."

Personne ne aime se faire mal! Un Robot ne fait pas exception, ils aiment rester intact.

Si quelque chose ou quelqu'un attaque un Robot, il va essayer de se protéger, mais il ne sera jamais agir contre une personne.

Mon ami, soyez prudent lorsque vous donner des ordres à des Robots! Soyez bonne et protéger l'existence de toutes les créatures vivantes et Robots.

Quel sera le Robot faire pour protéger l'enfant?

Les types de Robots

Il existe plusieurs types de Robots que vous trouverez dans les films, émissions de télévision, jouets et les industries.

Vous apprendrez à les reconnaître une fois que vous comprenez la façon dont ils regardent et le type de travail qu'ils font.

Il est possible que vous les avez déjà vu parce que vous aimez les films, non? Les pages suivantes vous enseigner comment les Robots sont construits.

Essayez de vous rappeler leurs noms. Vous serez heureux de dire à vos amis sur les types de Robots.

Androids

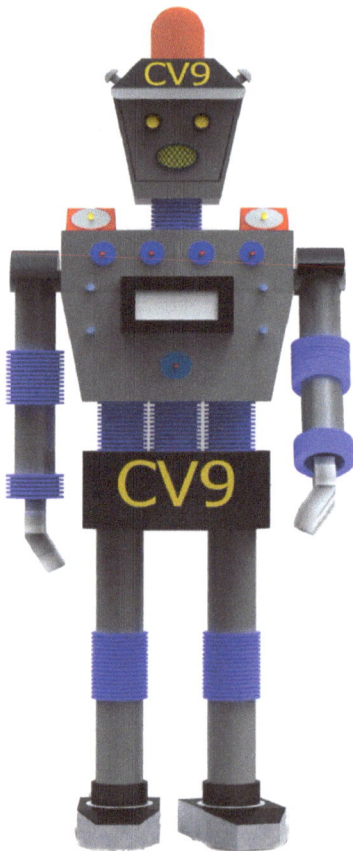

Un Android est un Robot qui ressemble et agit comme un être humain.

Très peu de Robots peuvent marcher en tant qu'êtres humains.

Il est très difficile pour les Robots de marcher.

Depuis androïdes ont des jambes et des bras comme vous, ils peuvent marcher et saisir les choses de la même façon que vous faites.

Certains d'entre eux peuvent même jouer au **football**!

Robot en papier à assembler
Partie A

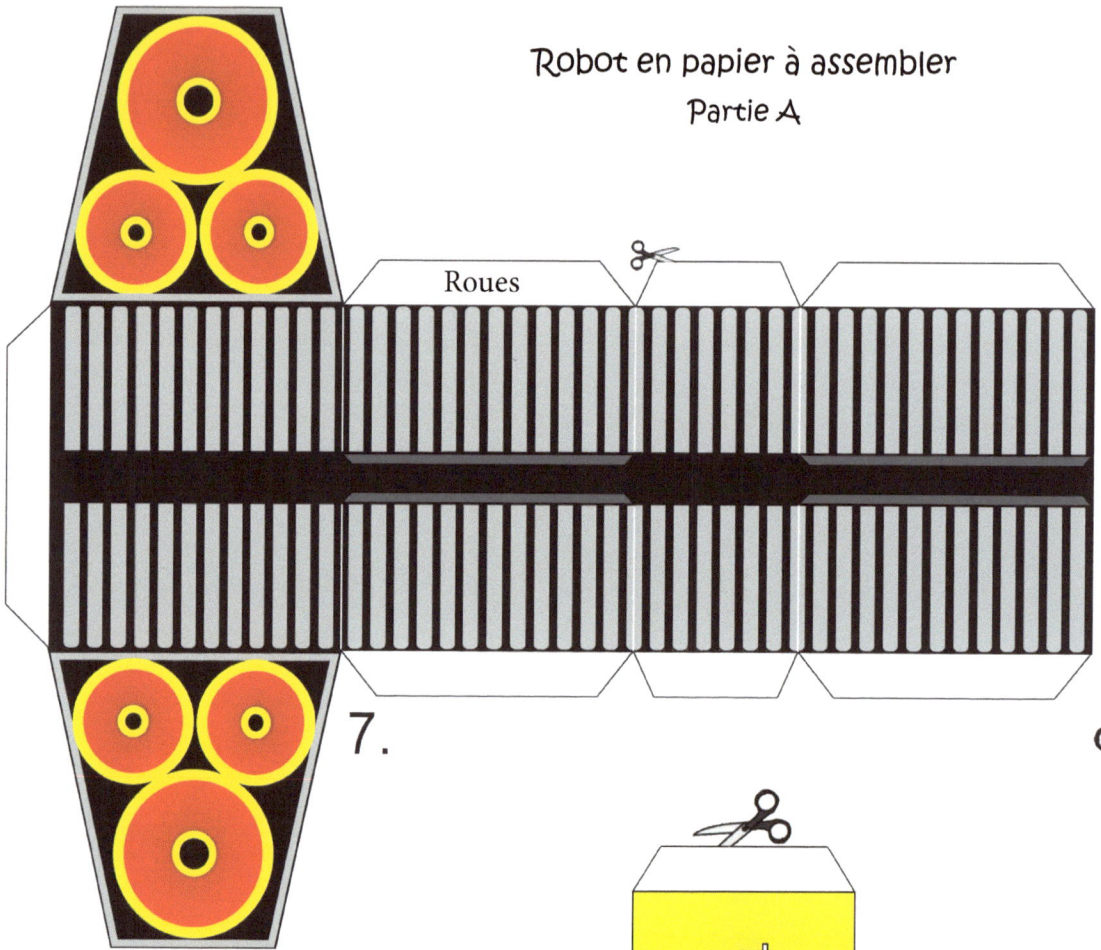

Roues

7.

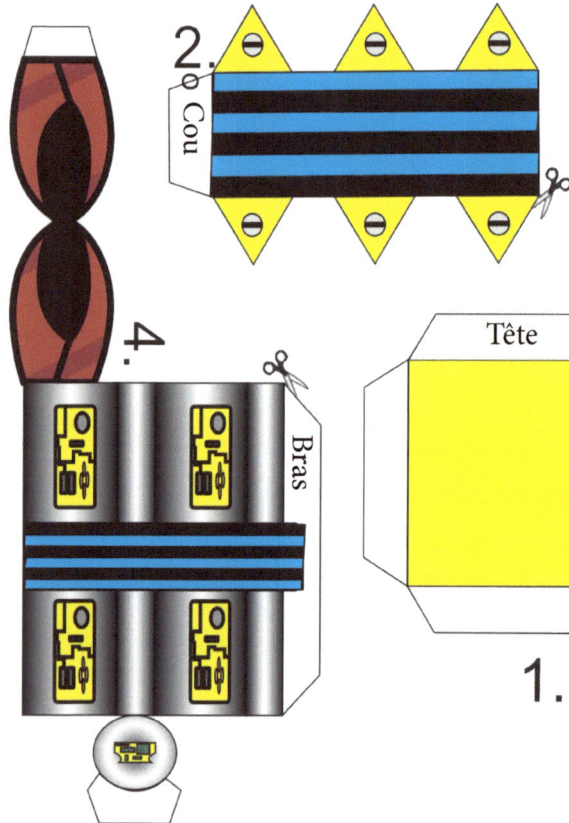

2.

Cou

4.

Bras

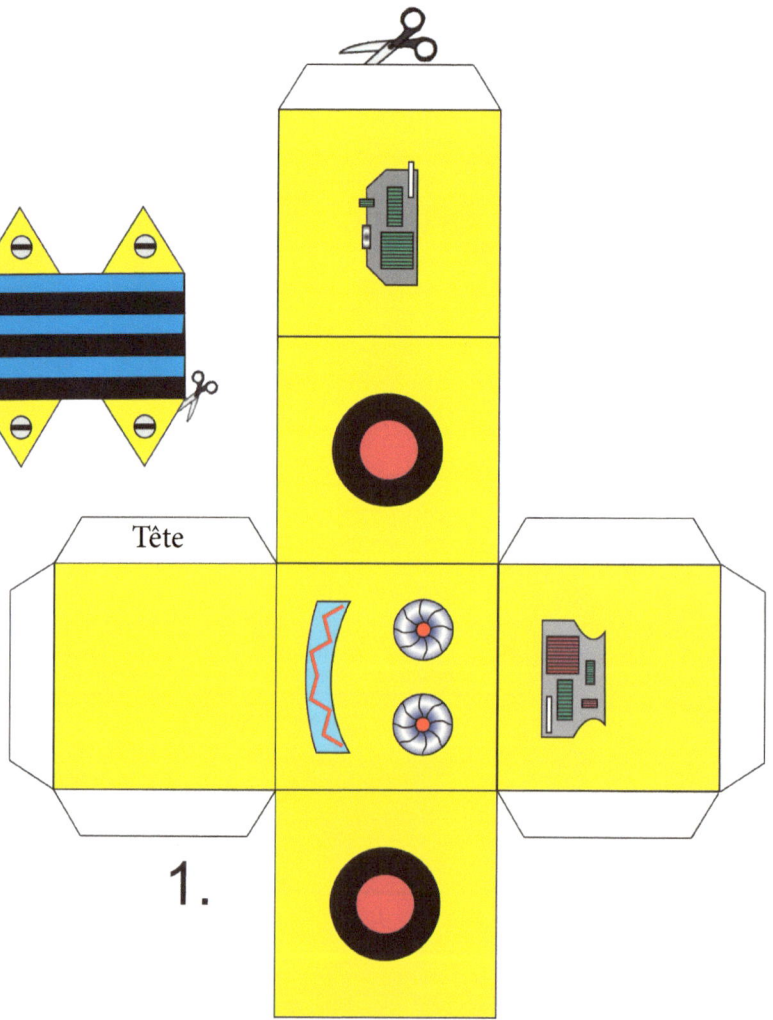

Tête

1.

W1

Latin Tech

Corps

Robot en papier à assembler
Partie B

3.

Pour commander des robots couleur
papercraft plus complets ou contact livres
sales@latin-tech.net

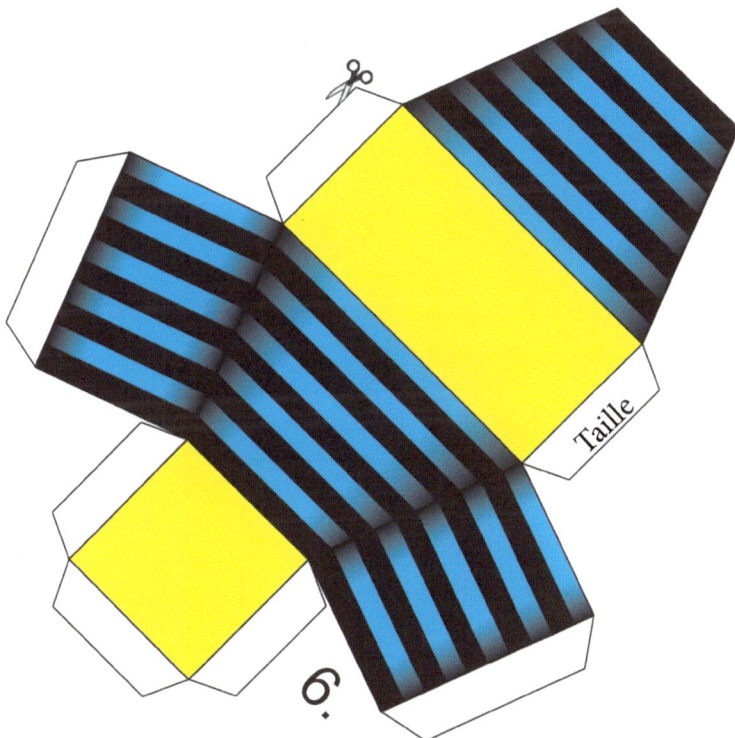

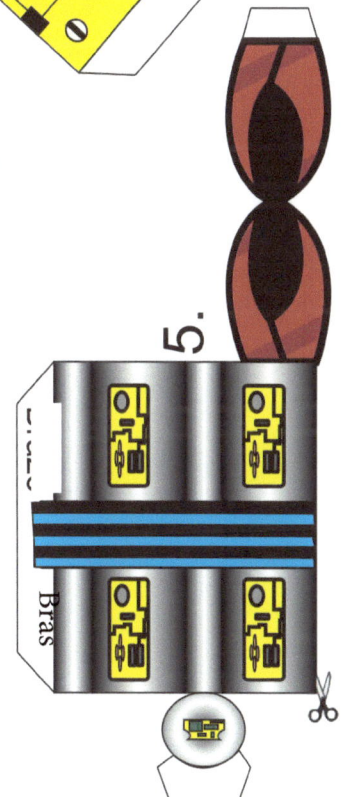

Taille

Bras

5.

6.

Cette page a été intentionnellement
laissée en blanc

Beams

Ces Robots sont très basique, laid et petite. Ils répondent à toute situation dans l'**environnement** comme la lumière ou le son.

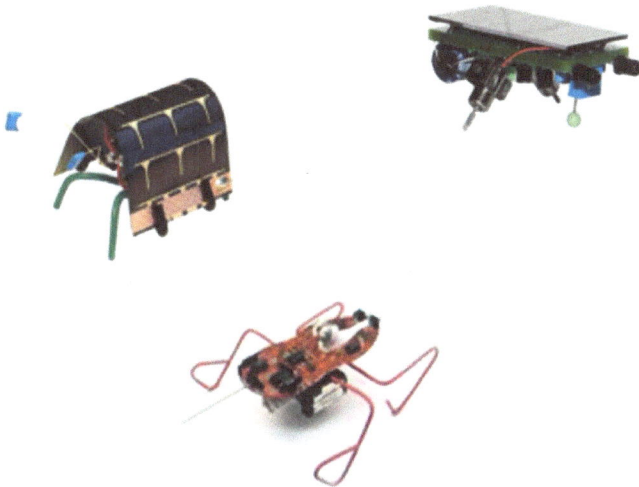

Ils sont fabriqués à partir de pièces **recyclées** en utilisant quelques **composants**. Ils doivent recevoir l'**énergie** du soleil.

Afin de capter l'énergie solaire ces Robots doivent utiliser un dispositif appelé cellule solaire.

Cyborgs

Ce type de Robots combiner des parties humaines et Robotique.

Le mot vient de Cyborg les trois premières lettres des mots:

Cybernétique et **Org**anisme.

Les robots qui ont des parties humaines sont également considérés comme cyborgs.

Cybugs

Les CYBUGs sont de petits Robots qui se comportent comme des **organismes** vivants.

Ils ressemblent les bugs que vous connaissez, tels que: les mouches, les araignées et les cafards.

Les CYBUGs qui se déplacent loin du bruit ou la lumière sont appelés: **phobiques** CYBUGs.

Ceux qui se approchent au bruit ou à la lumière sont appelés: CYBUGs **suiveurs**. Ces Robots ont de petites pièces mécaniques et **électroniques**.

Décideurs donnent de belles couleurs à cyberbugs, comme ceux que vous voyez sur le côté gauche.

Industrial

Celles-ci sont Robots qui travaillent dans les usines. Ils aident à faire des choses

Il ya des Robots d'assemblage de voitures. certains Robots sont des «Robots de **montage**" qui se insèrent et mis ensemble plusieurs morceaux de dispositifs électriques, comme les jeux vidéo et les ordinateurs.

Certains emplois sont très dangereux pour les personnes.

Dans ces cas, les personnes sont remplacés par des Robots industriels. Par exemple, il robots que le travail dans des endroits très chauds.

Robots avec roues

Certains robots ont des roues au lieu de jambes, sont connus comme des Robots avec roues.

Les roues permettent de se déplacer très rapidement dans tous les types de surfaces.

Certains Robots utilisent roues avec des ceintures. Comme ceux trouvés sur les chars de guerre.

Le Robot Industriel plus Grand et plus Puissant au monde

Ce Robot est 3,2 mètres de haut et peut faire bouger les choses qui pèsent 1000 **Kilogrammes**.

Il est fabriqué par la Société allemands Robotique KUKA.

Une manière connus comme "Bras Robotique".

Le Robot plus Petit du monde

Le Robot est nommé PICO et a été faite par Sandia National Labs.

Il est considéré comme un des plus petits Robots du monde.

Il ne mesure que 12,5 mm de long.

Il a ses propres piles pour fonctionner pendant 15 minutes avant de devoir recharger sa **puissance**.

Il a un très petit capteur **infrarouge** pour **détecter** tout objet placé devant.

La plus Grande statue de Robot au monde

Ce Robot est de 18 mètres de haut et il est situé dans l'île Odaiba à Tokyo, pour honorer l'un des Suit Gundam personnages de la série anime mobiles.

Son nom est RX 78 et son nom de **code secret** est Gundam. La statue Robot est capable de bouger sa tête

La première conception de Androide

Leonardo est né en Italie en 1452.

Il est considéré comme un véritable génie.

Il était la première personne qui a imaginé et développé un Robot avec la forme humaine. Il ressemblait à un chevalier à l'armure.

Leonardo da Vinci

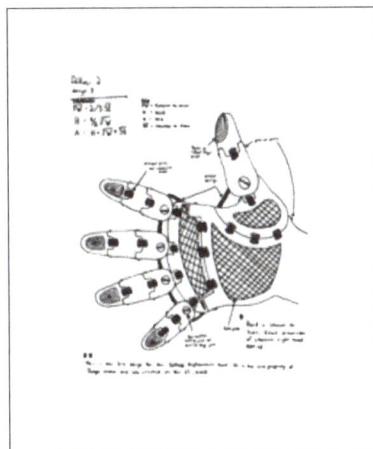

Il a également fait un lion **mécanique** qui pouvait marcher qui pourrait aussi être considéré comme un Robot.

Ses idées et ses inventions étaient très **innovante**. Ils sont maintenant appliquées dans la science moderne.

Premier Robot humanoïde dans l'espace

Le Aeronautics and Space Administration nationale (NASA) des États-Unis, développe des Robots ultra avancées pour aider les **astronautes** à faire leur travail dans l'espace.

Ces Robots sont appelés "Robonauts".

Les futures missions spatiales comprendront un Robonaut dans le cadre de leur **équipage**.

Nouvelles Technologies pour la Robotique

La science peut utiliser Robotics sur votre corps.

Il y a de nouveaux produits sur le marché qui peuvent changer la façon dont nous concevons le monde des Robots.

L'un d'eux est un nouveau fil métallique appelé "Nitinol".

Imaginez un fil semblable à une mèche de cheveux. Ce qui est intéressant à propos de ce fil est de raccourcir la longueur, quand il fait chaud.

Le mouvement est analogue à celui des muscles humains font.

Vous pouvez utiliser un sèche-cheveux ou le connecter à une charge électrique à chauffer.

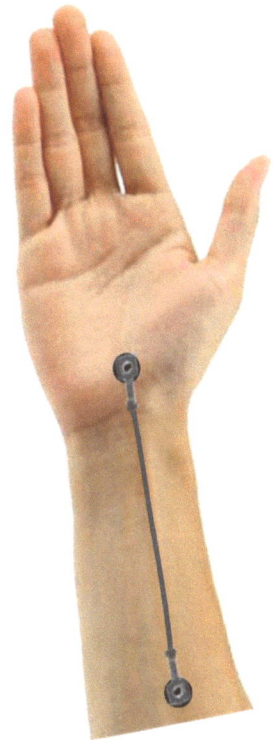

Vocabulaire

Astronautes: Personnes qui travaillent dans l'espace.

Artificielle: Non faite par la nature, mais par l'homme.

Nom secret: Un nom secret.

Composants: Le même que des pièces.

Conflit: Deux ordres opposés les uns aux autres.

Cybernétique: L'art de diriger un cours à rechercher et à faire quelque chose.

Dysfonctionnement: Quand une machine ne fonctionne pas de la bonne façon.

Détecter: Pour connaître la présence de quelque chose.

Energie: Que tout le monde doit faire un travail.

Environnement: Tout ce que vous voyez autour de vous.

Equipage: Groupe de personnes qui contrôlent un véhicule ou d'un navire.

Football: Un type de football joué avec une balle qui ne peut être botté par vos pieds ou la tête.

Inaction: Lorsque rien ne est fait.

Informatisé: qui utilise un ordinateur.

Infrarouge: Type de lumière que vous ne pouvez pas voir.

Innovant: Quelque chose qui est nouveau et que les gens aiment.

Kilogrammes: Une façon ou d'une unité décrivent comment lourd est quelque chose.

Lois: Quelque chose qui devient une règle qui doit être respecté.

Vocabulaire

Montage: Pour mettre les pièces ensemble.

Mécanique: quelque chose lié à des machines ou des outils.

Organisme: Une forme de vie comme une plante, un humain, un animal, etc.

Phobique: qui rejette ou ne aime pas quelque chose.

Pièces de théâtre: Ce est ce que les acteurs présents dans un théâtre.

Protéger: Pour éviter que quelqu'un se blesse.

Puissance: énergie pour se déplacer ou de travail.

Recyclé: Pour utiliser quelque chose qui a déjà été utilisé ou jeté.

Répétitive: Cela fait quelque chose plusieurs fois.

Suivez: Pour aller dans le même sens de quelqu'un ou quelque chose.

Électronique: Fait de quelque chose qui utilise le courant électrique ou exiger source d'alimentation.

W1

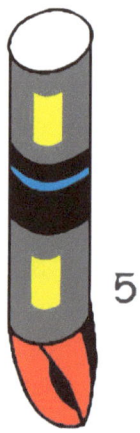

2

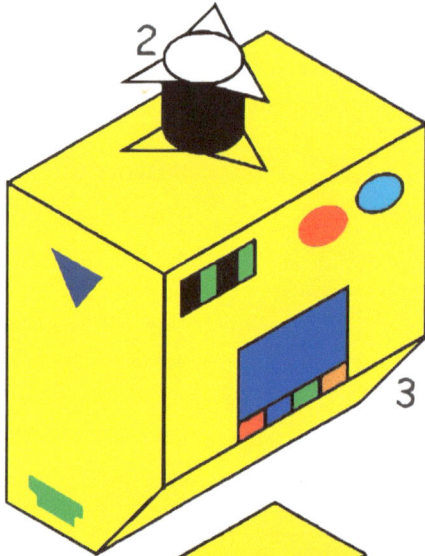

3

5

6

VOULEZ-VOUS APPRENDRE LA ROBOTIQUE?

COURS VIRTUELS
2 FOIS PAR SEMAINE
6-17 ANS

THÉORIE ET PRATIQUE
PETITS GROUPES
PAS DE TÂCHES

COURS

- CONCENTRATION ⚙
- EN LISANT ⚙
- ÉLECTRICITÉ ⚙
- ÉLECTRONIQUE ⚙
- MÉCANIQUE ⚙
- MÉCATRONIQUE ⚙
- ROBOTIQUE ⚙
- LA MAGIE ⚙
- MATEMATIQUES ⚙
- MÉDECINE ⚙
- EN CHANTANT ⚙
- AGRODÉCOLOGIE ⚙

AVANTAGE

▸ DU CONFORT DE VOTRE MAISON
▸ À VOTRE RYTHME
▸ AVEC DES PRATIQUES MATÉRIELLES
▸ GROUPES DE GARÇONS AVEC DES ÂGES SIMILAIRES

NOUS NOUS BATTONS

▸ AMOUR PROPRE
▸ MANQUE D'ATTENTION
▸ DÉMOTIVATION
▸ DÉPENDANCE À UN JEU VIDÉO

PAGE WEB

sales@latin-tech.net
☎ +1 305 848 3517 ENGLISH
☎ +1 305 742 7565 ENGLISH

contacto@innovention.us
☎ +57 312 840 5570 FRANÇAIS

NASA

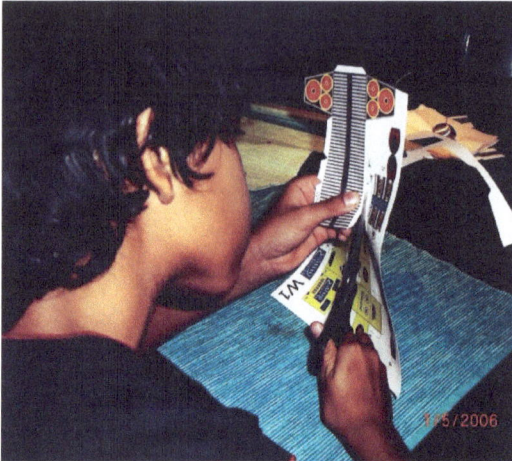
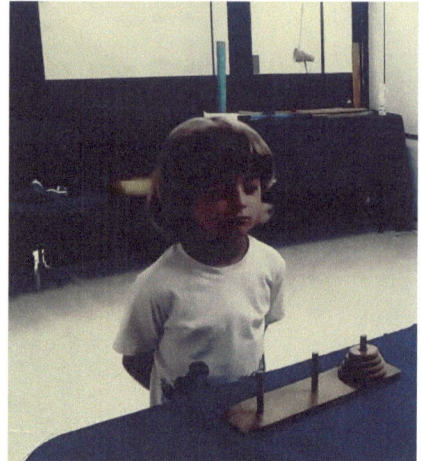
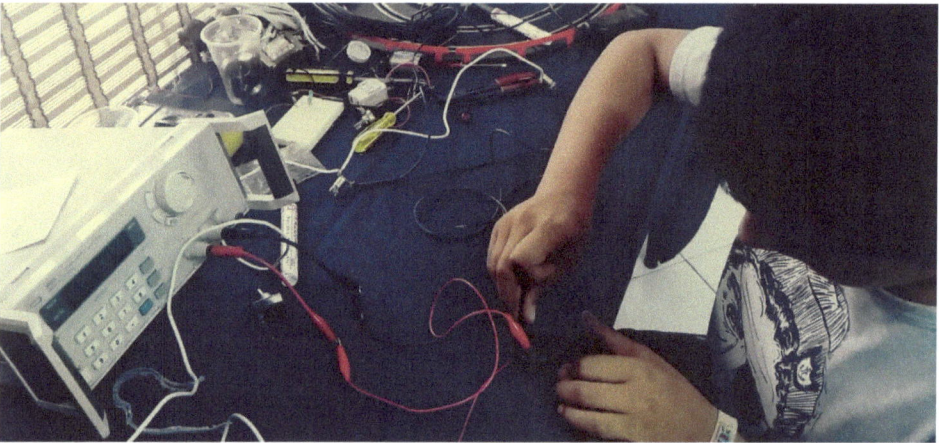
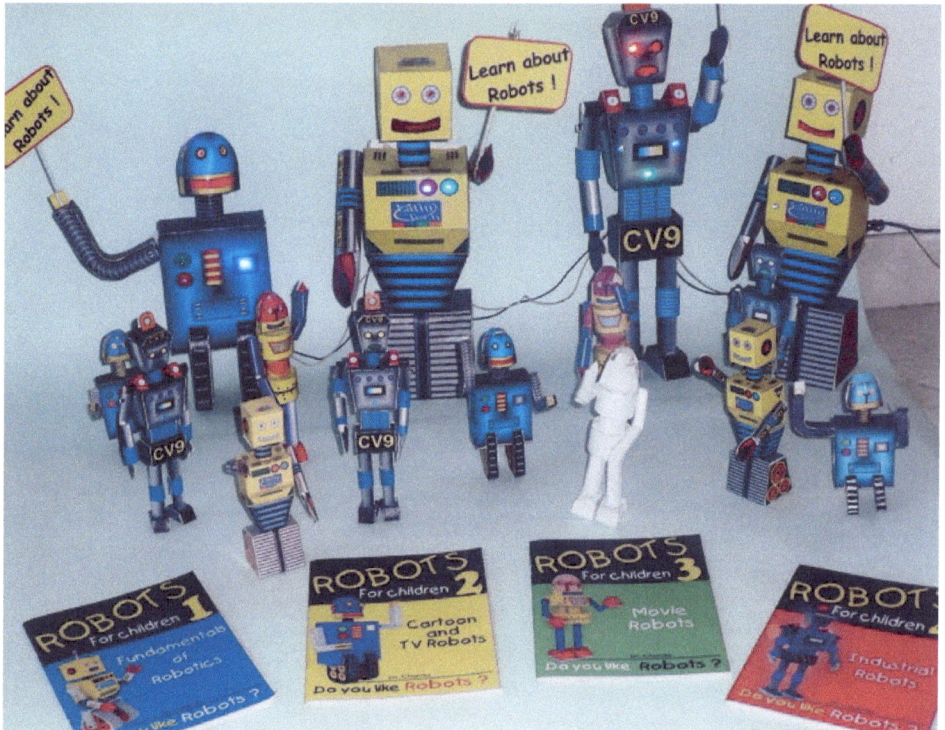

ROBOTS

pour Enfants

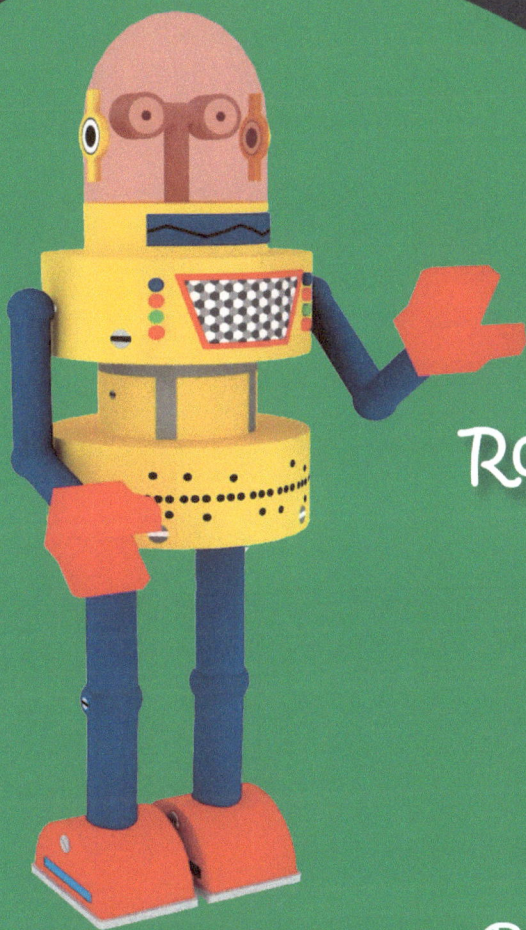

Robots Industriels
et de
Recherche.

Professeur Charria

Vous aimez les Robots?

Pour ma nièce Valeria.
Pour tout le bonheur qu'elle a apporté avec elle.

f Robot Story

Miami, FL, USA

Robonauts® par la NASA. RX78® par Sunrise Inc. PICO® par Sandia National Labs. Robot industriel par Kuka® Robotics. HEXBUG® est une marque de photos et d'informations Innovation First Labs.Some sont la propriété de leur auteur, entreprise fabricant respectif et / ou détenteur du copyright. Ils sont cités sur ce livre en raison de leur relation et de la pertinence. Les noms d'information et de marques utilisées ici sont uniquement à des fins éducatives et de préserver des informations sur l'histoire de Robot pour les générations futures.

f **Robot Story**

Miami, FL, USA

Table des matières

Robots Industriels et de Recherche

Les Robots suivantes sont célèbres parce qu'ils ont été développés par les grands fabricants industrielles ou par des laboratoires de recherche dans les universités.

Nous avons essayé de vous donner le nom de la première (personne ou entreprise) qui a développé le concept ou le nom du Robot.

Dans certains autres cas, le Robot est attribué à une entreprise ou un designer industriel, dans ce cas, le concepteur est considéré comme le créateur de Robot's.

Puma
Unimate
1966

Ce est l'un des premiers bras de Robot commerciales avec six **degrés de liberté**.

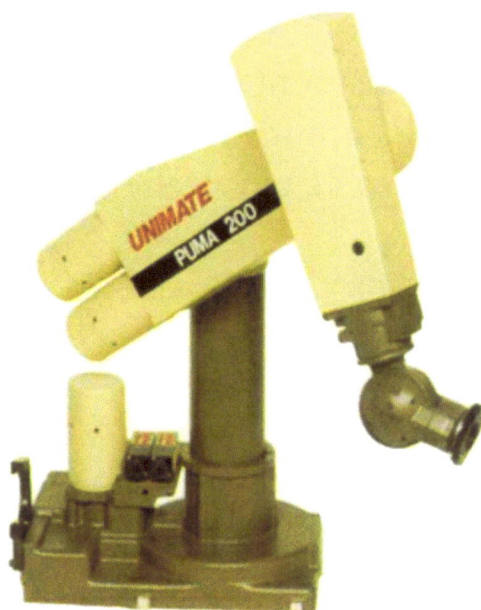

Une manière utilisée sur les applications industrielles telles que: l'organisation, le déplacement, le chargement et l'assemblage de pièces de machines.

Son inventeur, George Charles Devol, Jr, détient le premier **brevet** de Robot industriel.

La société Unimate développé ce Robot pour General Motors.

Asimo
Honda
1986

Asimo est l'un des **humanoïdes** les plus **innovantes** en Robotique.

Cette expérience technologique a commencé en 1986, et a apporté un Robot bipède final qui peut marcher, courir, et la montée.

Il a la **reconnaissance faciale** et les **commandes vocales** de base. Les derniers modèles ont moins de poids (54 kg), et peuvent travailler pendant une heure.

Il a les mains à cinq doigts qui lui permettent de **saisir** des objets différents. Asimo est seulement 52 pouces de hauteur.

Mars Pathfinder
NASA
1992

Ce Robot a été développé par la NASA comme une **démonstration** de la façon de poser un rover, avec des instruments sophistiqués et des fonctions Robotiques autonomes, sur la surface de la planète Mars.

Il dispose de six roues et un **panneau solaire**.

Aibo
Sony
1999

AIBO est un chien Robot fabriqué par Sony Corporation, une **plate-forme** à faible coût pour l'Intelligence **Artificielle**.

Il a été conçu pour les Robots à **auto-apprentissage** et développer des connaissances.

Ce Robot animal **autonome** ne est plus sur le marché. Les **amateurs** de Robot peut **télécharger** les outils de programmation sur le **site** de Sony.

Robonautes
NASA et GM
2000

La National Aeronautics and Space Administration (NASA), et General Motors (GM) de Etats-Unis, soi développent des Robots Formidable POINTE POUR secouriste les astronautes à faire Leur travail dans l'Espace.

CES Robots Sont Appelés Robonauts.

Les futures missions spatiales utiliseront Robonautes dans le cadre de leur **équipage**.

Cette page a été intentionnellement
laissée en blanc

6. Main

13. Jambe

1. front

12. Pied

7. Bras

10. Corps

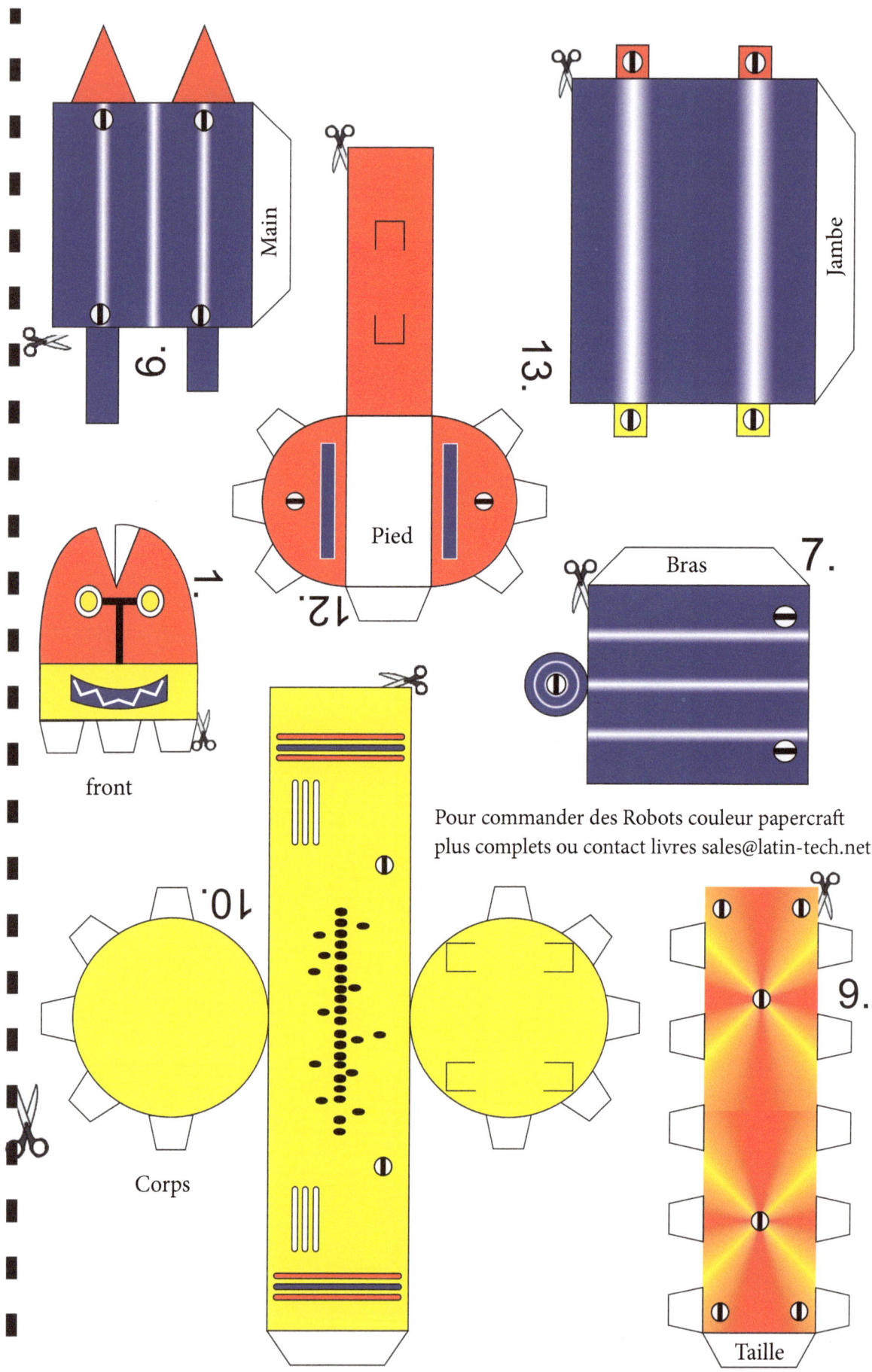

Pour commander des Robots couleur papercraft
plus complets ou contact livres sales@latin-tech.net

9.

Taille

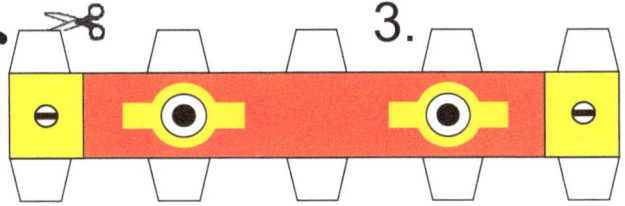

3.

Tête haute

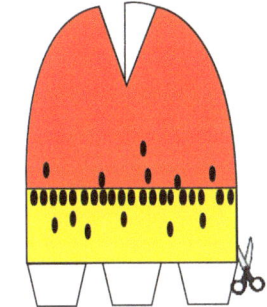

2. Tête en arrière

4.

corps

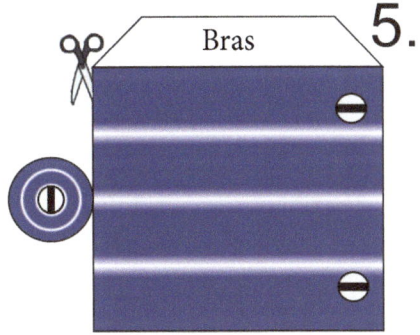

Bras **5.**

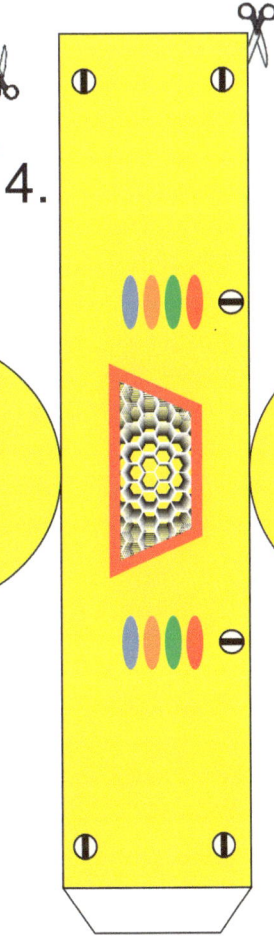

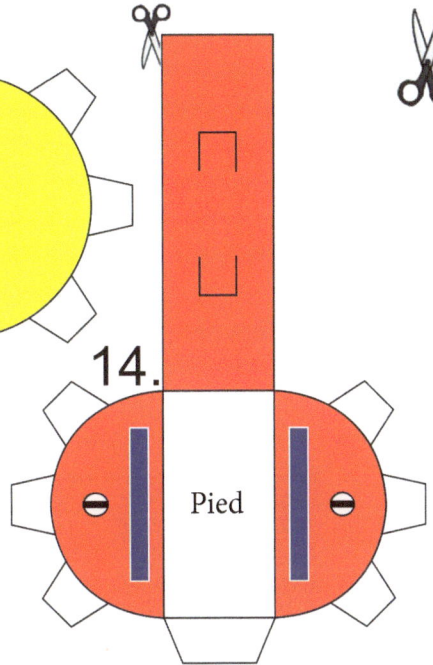

14.

Pied

Jambe **11.**

Main

8.

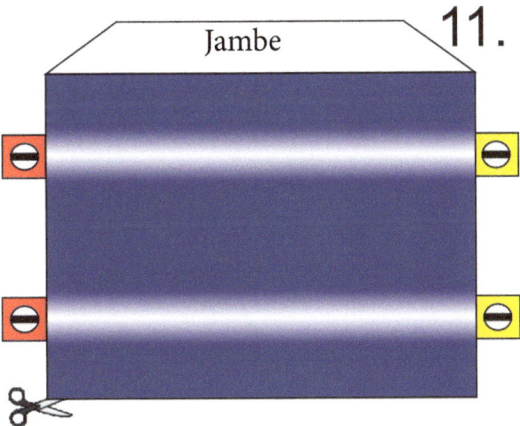

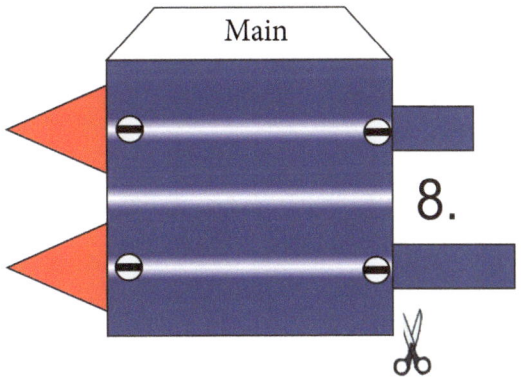

Cette page a été intentionnellement
laissée en blanc

Qrio
Sony
2003

Ce Robot a été l'un des premiers modèles de la marche, mais il n'a jamais été vendu sur le marché.

Il a été fabriqué par Sony Corporation, mais sa production a été abandonnée en 2006.

QRIO est un androïde autonome qui peut reconnaître les voix et les visages. Il fonctionne avec des piles pendant une heure.

La hauteur totale est d'environ 60 centimètres. Ce Robot a été, de loin, l'une des meilleures façons de **visualiser** l'avenir ... maintenant.

Insbot
IT Haifa
2009

Proffeseur Moshe Shaham, chef du Laboratoire de Robotique et de son équipe du laboratoire de Robotique à l'Institut de Technologie de Haïfa Technion, ont développé une très petite mouche Robotique qui peut être introduit dans votre corps pour **déboucher** les **artères** et injecter **mini-doses** de médicaments sur les parties **infectées**.

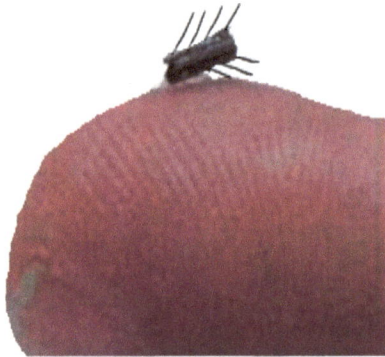

Mesurant seulement 1 mm, ce Robot peut voler à une vitesse de 9 mm par seconde tout est contrôlé par un **champ magnétique** externe.

Ce petitRobot est basé sur Micro-Electro-Mechanical Systems (MEMS).

RiSe
DARPA
2005

Rise est un nouveau Robot développé par Boston Dynamics en **collaboration** avec l'Université de Pennsylvanie, Carnegie Mellon, UC Berkeley, Stanford, et Lewis et Clark University.

Il a été financé par la Defense Advanced Research Projects Agency DARPA.

Boston Dynamics est une entreprise qui se spécialise dans les Robots avancés à mobilité très sophistiqué, l'**agilité**, la **dextérité** et la vitesse.

Il a six pattes, dont chacun est alimenté par deux moteurs électriques. Le Robot peut adapter sa **posture** en fonction de la montée des it' surface.

Il ressemble à un lézard gecko, mais l'animal réel a que quatre pattes.

BigDog (Grand chien)
DARPA
2005

Ce Robot est également financé par la DARPA et développé par Boston Dynamics. BigDog est un 75 cm de hauteur et 90 cm de long à quatre pieds Robot marcheur.

Ce Robot est très fort et ressemble à une petite **mule**. Son poids est de 240 livres.

Il peut fonctionner à 4 mph, gravir des **pentes** jusqu'à 35 degrés, marcher dans la neige et de l'eau et de porter de lourdes charges jusqu'à 340 livres sur tout type de surface de la terre.

Ce Robot est équipé de capteurs et des contrôles de très haute technologie pour ses opérations autonomes.

Récemment, la même société a lancé une autre version similaire mais plus petit Robot de taille nommé Littledog (Petit chien).

Armée de Mini-Robots
Université de Pennsylvanie
2011

Alex Kushleyev et Daniel Mellinger des Robotics générales, Automation, Sensing and Perception (GRASP) de laboratoire à l'Université de Pennsylvanie a récemment présenté un très petits mais intelligents Robots volants mini.

Ils ont des **capteurs** et des contrôles complexes pour pouvoir voler, **tournent** et se déplacent à travers les **obstacles**. Ils peuvent également **coopérer** avec d'autres Robots comme une équipe.

Ils peuvent être utilisés dans des situations difficiles lorsque la vie de l'homme pourrait être en danger comme le cas d'incendie ou de **radioactivité**.

Ils peuvent aussi faire des choses simples comme la formation d'un orchestre pour jouer différents instruments de musique.

Voler Micro Robots
Université de Waterloo
2009

Chercheur canadien Behrad Khamesee et son équipe, de l'Université de Waterloo, ont développé un micro-Robot volant qui peut **manipuler** des objets et peut transporter de très petits outils qui peuvent être utilisés sur de nombreuses applications à l'**échelle micro**, comme une **chirurgie**, l'assemblage de petites pièces mécaniques ou d'aider à **diagnostic** du corps humain.

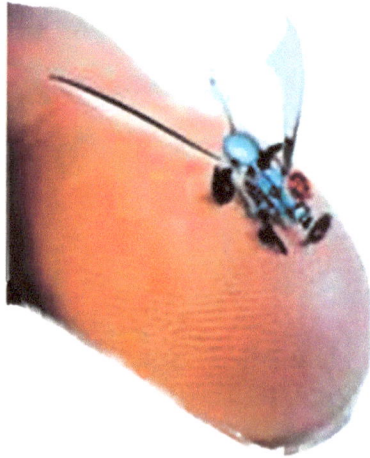

Ce micro-Robot est basé sur les micro-électro-mécaniques (MEMS) technologie. Pour **propulser** le Robot est alimenté par un champ magnétique.

Le Robot est équipé de capteurs et de l'électronique très sophistiqués.

HRP-4C
AIST
2009

L'Institut National de Science Industrielle avancée et de laTechnologie (AIST) à Tokyo, Japon a développé un Robot qui ressemble et se déplace comme une personne vraiment.

Il se agit d'une fille nommée Android:

HRP-4C.

Les poids de Robots est 95 livres et 5'2 pieds de hauteur. La merveille de ce Robot est qu'elle peut montrer certaines émotions ou expressions sur son visage.

Quand elle marche, il ressemble à un être humain réel marche.

Elle peut aussi chanter et danser.

Robots qui Courent

Un concours Robotique très particulière a eu lieu dans la ville japonaise d'Osaka: Premier **Marathon** Complet au monde pour les Robots.

Plusieurs deux Robots de la jambe de la hauteur d'un genou doivent courir un marathon de 422 **tours** sur une **piste intérieure**.

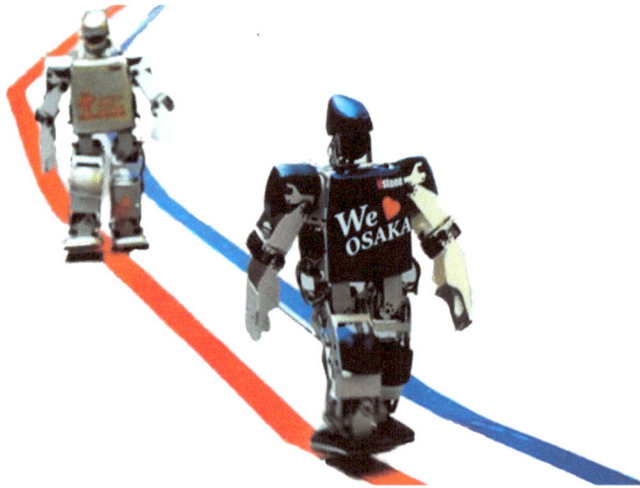

Les propriétaires de l'Robots ne sont autorisés à remplacer les piles ou pour charger ses moteurs. Si pour une raison quelconque, le Robot tombe, il doit être en mesure d'obtenir par lui-même ou sort de la compétition.

Certains Robots pratiquées et **tendaient** leurs jambes avant de rejoindre la compétition.

Vocabulaire

Amateurs: les gens qui aiment quelque chose de très bien.

Artificielle: Quelque chose fait par les humains.

Artères: conduites qui transportent le sang du cœur.

Auto-apprentissage: Pour obtenir la connaissance par soi-même.

Autonome: Le Robot qui peut prendre des décisions par lui-même.

Agilité: Capacité de faire des gestes simples et rapides.

Brevet: Document qui indique qu'une personne a été le premier à mettre en œuvre une idée.

Capteurs: dispositifs qui aident à détecter ce qui est autour de vous.

Champ magnétique: Une force invisible produite par des aimants.

Chirurgies: Opération ou des procédures pour supprimer une partie ou un total d'une partie du corps ou d'un organe donné.

Collaboration: Travailler ensemble.

Commandes vocales: Ordre de Robots provenant de vos mots prononcés.

Coopérer: Pour travailler ensemble.

Degrés de liberté: Ce est le nombre de possibles mouvements indépendants du bras de Robot peut faire.

Dextérité: mouvements avec précision.

Diagnostic: identification d'une maladie.

Doses Mini: minuscules pièces de la médecine.

Déboucher: Pour retirer quelque chose qui bloque le passage.

Démonstration: Prototype, Unité pour les tests.

Equipage: Groupe de personnes qui contrôlent un véhicule ou d'un navire.

Etendre: Pour avoir plus ou connaissance plus large.

Humanoïde: Cela ressemble à un être humain.

Infected: contaminés par le virus ou micro-organismes.

Innovant: Quelque chose qui est nouveau et que les gens aiment.

Vocabulaire

Manipuler: à prendre et de passer à un endroit différent.

Marathon: Une course de 42 km (26,2 milles) de très longue distance.

Échelle Micro: Une taille beaucoup plus petite.

Mule: L'animal qui vient d'une jument et un âne mâle.

Obstacles: Les choses qui bloquent le passage.

Panneau solaire: Un dispositif qui convertit la lumière en électricité.

Pente: surface inclinée.

Piste intérieure: Un emplacement avec un toit surélevé où se déroule la compétition.

Plate-forme: système de base pour aider dans le développement de plusieurs Robots.

Posture: Position des parties du corps ou le corps.

Propulsé: qui a le pouvoir de fonctionner.

Radioactivité: particules atomiques invisibles et dangereux qui sortent de certains éléments

Reconnaissance des visages: Quand un Robot est en mesure de connaître la personne avant de lui.

tournent: Pour activer autour d'un centre.

Saisissez: Pour tenir fermement à la main.

Site Web: Lieu sur Internet au sujet d'une entreprise ou d'un produit.

Tours: un cercle complet dans une course.

Télécharger: Pour obtenir le logiciel à partir du Web.

Visualiser: Pour imaginer.

RT

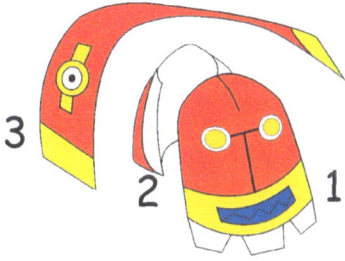

3

2

1

4

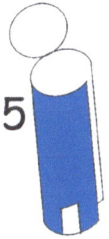

5

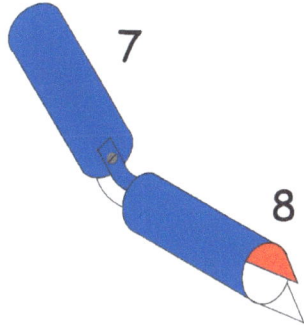

7

8

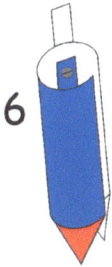

6

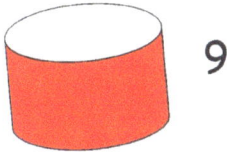

9

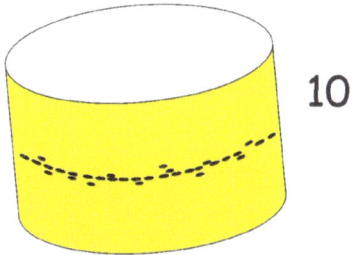

10

11

13

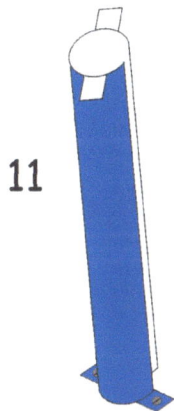

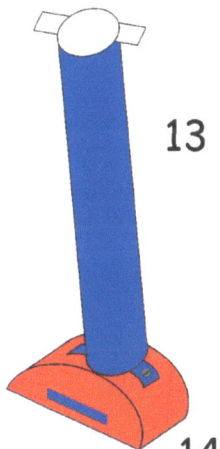

14

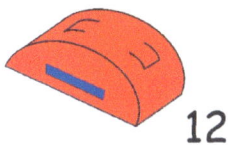

12

INNOVENTION

Innovention est une entreprise intéressée à former la nouvelle génération de professionnels, capables de résoudre les problèmes critiques du futur que nous, adultes, leur laissons. INNOVENTION est formé de INNOvation et de innoVENTION.

INNOVENTION

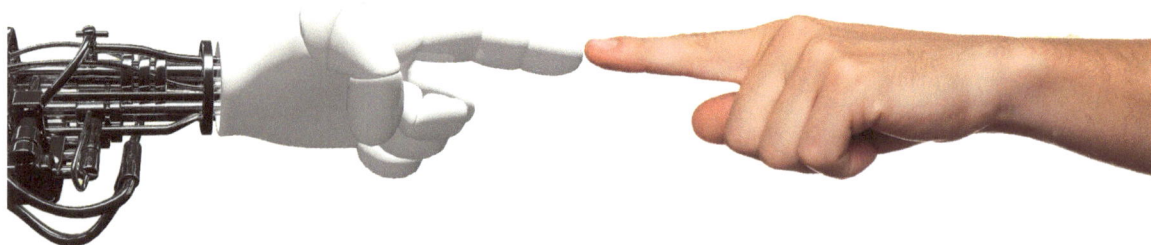

Qu'est-ce qu'un INNOVENTEUR?

C'est ce que nous appelons les étudiants qui sont formés avec notre méthodologie.

À quoi ressemble la méthodologie INNOVENTION?

- ✓ Les garçons sont encouragés à apprendre par eux-mêmes.
- ✓ Guide sur les sujets d'apprentissage.
- ✓ Apprentissage de divers outils matériels et des logiciels pour développer des solutions.
- ✓ Des défis au lieu de tâches.
- ✓ Concentration et lecture (avec notre méthode) comme exigence principale.
- ✓ Des questions au lieu de réponses.
- ✓ Raison au lieu d'accepter des idées.
- ✓ Formation à la créativité.

Est-ce une méthodologie éprouvée?

Nous devons accepter que nous apprenons constamment, changeons et améliorons de plus en plus. Cependant, nous pouvons montrer que nos expériences actuelles sont extrêmement positives. Certaines vidéos sont disponibles.

Quelle est la différence avec les autres méthodes?

Il y a une grosse différence! Aujourd'hui, votre fils fait partie d'un groupe d'étudiants. Chez nous, vos enfants auront toujours notre attention pour essayer de corriger leurs faiblesses et d'améliorer leurs forces. Nous avons des méthodes spéciales pour la lecture, le chant, le calcul mental et le développement de solutions créatives, entre autres.

Comment se passe le processus?

Un entretien virtuel est fait (ce qui a un petit coût) ce qui nous permet de connaître les besoins réels. Après avoir fait l'évaluation, nous analysons si votre enfant doit étudier seul ou rejoindre un autre groupe (avec une préparation préalable).

À quoi ressemble le parcours d'apprentissage normal?

Les enfants exercent d'abord leur attention, puis ils travaillent la lecture avec la méthodologie Innovation. Après un certain temps, en fonction de leurs efforts, ils commencent généralement par l'électricité et ses pratiques, puis passent à d'autres sujets.

Comment est l'expérience avec la théorie et la pratique?

Dans certains cas, ils utilisent des outils logiciels et dans d'autres, ils doivent utiliser des kits de travail simples et peu coûteux pour développer de véritables pratiques.

Quelles études les garçons peuvent-ils suivre?

Concentration, lecture, mathématiques, électricité, électronique, mécanique, mécatronique, robotique, agroécologie et médecine.

Y a-t-il un lieu physique pour les cours?

Désolé, nous devons aller avec l'éducation virtuelle, avec toutes ses limites. Mais nous nous engageons à produire des résultats. Nous avons actuellement des gars de différents pays.

Est-il possible de programmer une réunion virtuelle?

Bien sûr. Et avec un peu de chance, vous pourrez parler directement avec le professeur Charria lui-même !

sales@latin-tech.net
📞 +1 305 742 7565 ENGLISH
📞 +1 305 848 3517 ENGLISH

www.innovention.us

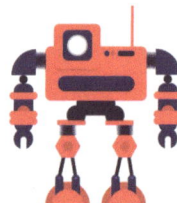

contacto@innovention.us
📞 +57 312 840 5570 FRANÇAIS

ROBOTS

pour Enfants

Robots de Dessin Animé et Télévision

Professeur Charria

Vous aimez les Robots?

Ál'imagination.

  Parce que nous aurons toujours besoin.

Robot Story

Miami, FL, USA

f **Robot Story**

Miami, FL, USA

Table des matières

Robots de Dessin Animé et Télévision

Les Robots suivantes sont célèbres parce qu'ils sont apparus régulièrement dans des séries télévisées.

Nous avons essayé de vous donner le nom de la première (personne ou entreprise) qui a développé le concept ou le nom du Robot.

Certains personnages sont basés sur une série de livres pour que, dans ce cas, l'auteur des livres est le créateur des Robots.

Dans certains autres cas, le Robot est attribué à une entreprise ou un designer **industriel**, alors ce dernier est considéré comme le créateur de Robot.

Rosie
Les Jetsons
ABC
Hanna Barbera
1962

Rosie est une Robot dans la maison de la famille Jetsons. Elle a d'abord été embauchée comme femme de ménage de l'Jetson, mais très vite elle est devenue partie de la famille.

Elle est en mesure de préparer de délicieuses pâtisseries et autres plats aimés par le patron de M. George Jetson.

Elle n'a pas de jambes. Au lieu de cela elle a une seule roue qui lui permet de se déplacer très rapidement.

Bien que Rosie est un ancien modèle, la famille ne l'a jamais remplacé par un nouveau Robot.

Astroboy

ABC
Osamu Tezuka Fuji
1963

Astroboy est un Robot créé par un scientifique de renom nommé le Dr Tenma, pour remplir la place d'un fils qui est mort dans un accident.

Astroboy a beaucoup de pouvoirs. Il utilise ses pouvoirs pour protéger Metrocity, qui est la ville où les humains et les Robots vivent ensemble.

Bender

Futurama
Fox
Matt Groening
1999

Bender est un Robot capable de métaux de **flexion**. Il a été fait au Mexique.

Son nom complet est Bender Bending Rodriguez.

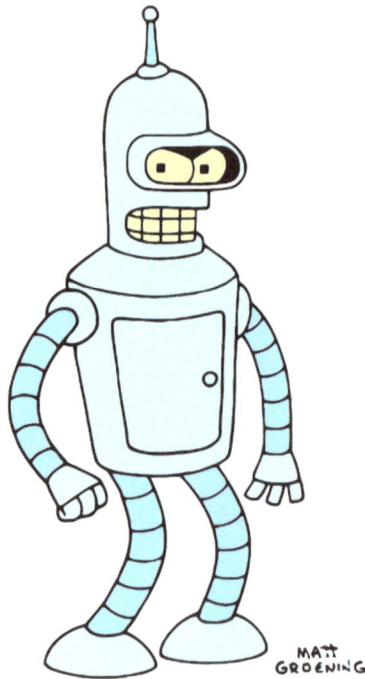

Bender se comporte de façon **inappropriée**. Il aime à dire des mensonges.

Il aime aussi jouer, de la fumée, et de boire.

Il a besoin de l'alcool comme combustible pour travailler.

Gir

Envahisseur Zim
Nickelodeon
Johnen Vasquez
2001

Gif est un Robot saisit de la corbeille et **assemblé** avec des **pièces de rechange** pour aider un **étranger** nommé Zim. Il ne est pas très intelligent.

Il aime manger de la **malbouffe**, mais principalement Tacos.

Il porte un **déguisement** verte qui le fait ressembler à un chien, mais il fait beaucoup de choses chiens ne font pas.

X-J9
Ma vie comme un Robot adolescent
Nickelodeon
Rob Renzett
2003

La Robot X-J9, également connu comme Jenny, elle a été créée par le Docteur Wakeman à protéger la terre.

Peut exprimer des émotions comme **bonheur** et **tristesse**.

Jenny a beaucoup d'armes et dispositifs.

En plus de la vie normale qu'elle veut vivre avec elle camarades de classe, elle devez combattre avec de nombreux **méchants**.

Pour commander des Robots couleur papercraft plus complets ou contact livres sales@latin-tech.net

8.

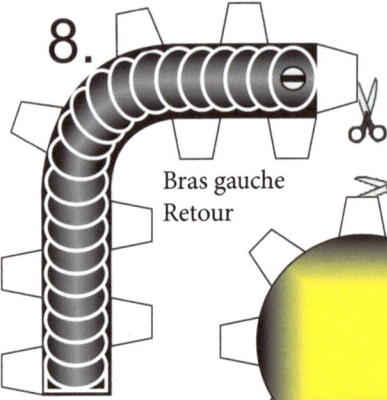

Bras gauche
Retour

Tête avant

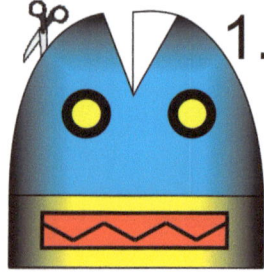

1.

17.20.

Base de chef

Main

11.

14. 10.

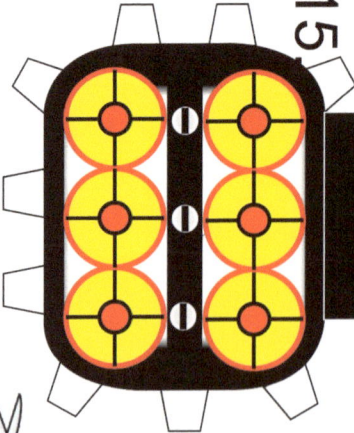

18.

Roue

19.

a

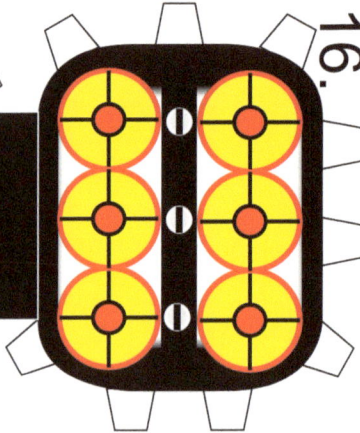

Roues Up

15.

16.

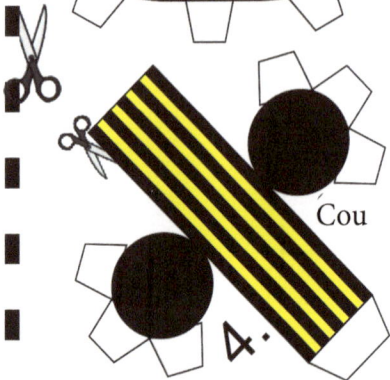

Cou

4.

r

Corps

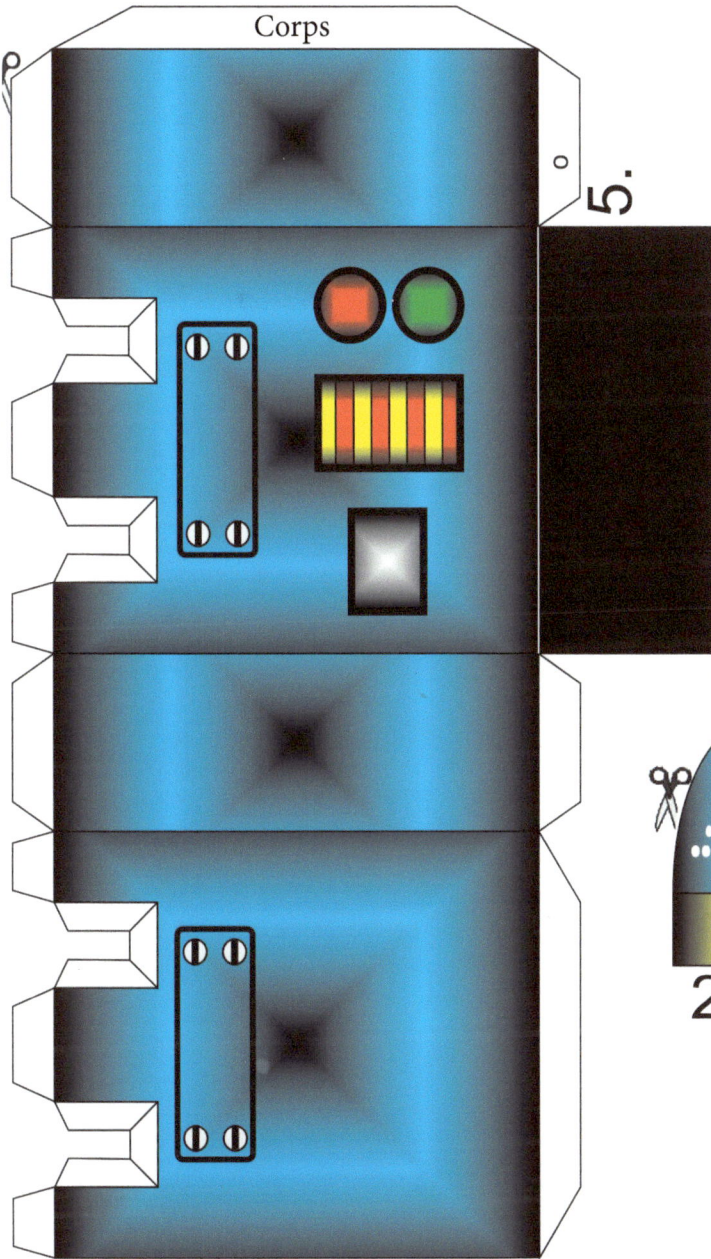

5.

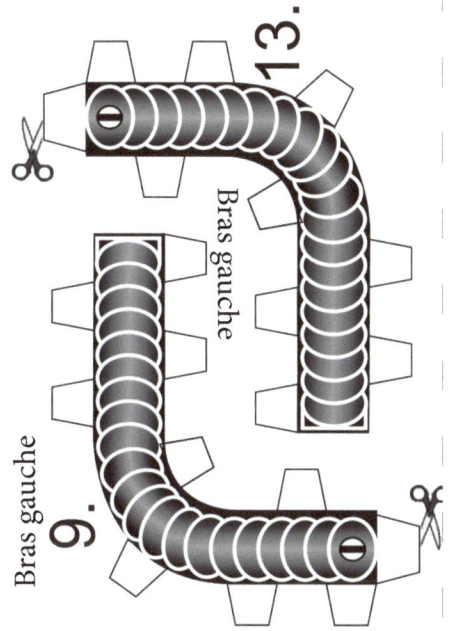

13.

Bras gauche

Bras gauche

9.

la tête en arrière

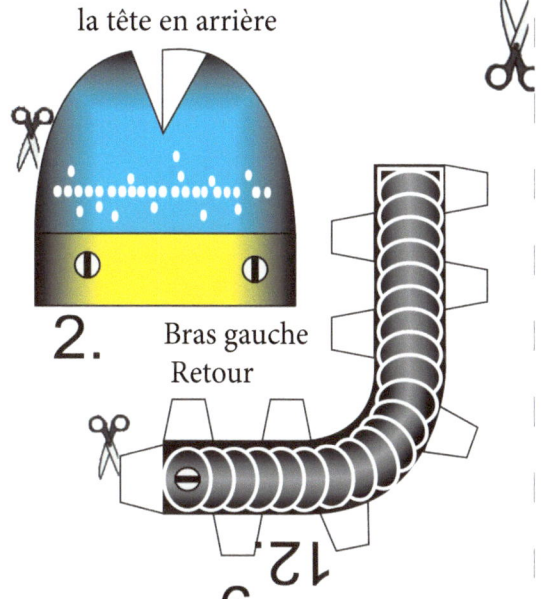

2.

Bras gauche
Retour

12

6.

Corps vers le bas

Front haut

7.

Main

CTA

3.

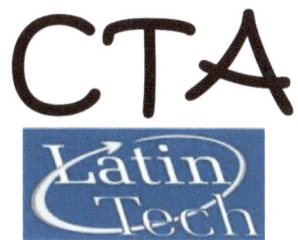

Cette page a été intentionnellement
laissée en blanc

Goddard

Jimmy Neutron
Nickelodeon
Jhon A. Davis, Keith
2006

Ce chien Robot a été créé par Jimmy Neutron, un petit génie, qui est un **inventeur** très actif.

Fonctionnent pas toutes les **inventions** de Jimmy.

Goddard est l'une des inventions couronnées de succès de Jimmy. Il est également le meilleur ami de Jimmy.

Goddard a beaucoup de capacités techniques:

Il dispose d'un **écran** sur sa poitrine et un **vidéo projecteur** dans les yeux.

Il peut se transformer en un **Vélo volant**.

Il peut aussi exploser et se **réassembler**.

Thrasher and Blastus
Robotomy
Cartoon Network
Michael Buckley et Joe Deasy
2010

Thrasher et Blastus sont deux Robots adolescents fréquentent l'école secondaire de la planète Insanus.

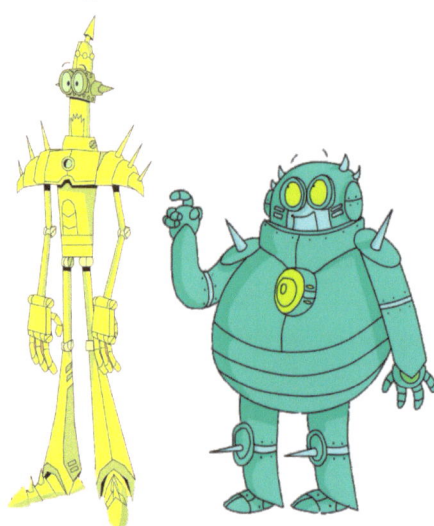

Dans cette planète, chaque Robot doit être un tueur et avoir des sentiments ne est pas une bonne chose.

Thrasher est un Robot de haut qui est en amour avec un Robot de lycée très populaire nommé Maimy.

Blastus est un Robot de graisse qui fait des choses sans beaucoup de réflexion. Il veut juste être **populaire**.

Dalek
Docteur Who
Terry Nation et Raymond Cusick
1963

Les Daleks sont mutants protégés par un **boîtier** mécanique en Dalkanium.

Ils viennent de la planète Skaro. Ils ne ont pas des sentiments ou des **remords** quand essayer d'éliminer toutes les formes de vie et de toujours dire «**exterminer**» quand ils apparaissent en tout lieu.

Les Daleks ont plusieurs **armes** spéciales pour détruire les choses à travers un rayon de la mort, et un bras télescopique qui peut être utilisé principalement pour lire dans les pensées, pour se **interfacer** avec d'autres dispositifs technologiques ou de mesurer l'intelligence de quelqu'un.

Cyberman

Docteur Who
Kit Pedler et Gerry Davies
1966

Les Cybermen sont humains et Robots partie des pièces de sorte qu'ils sont également connus comme des cyborgs.

Ils sont de la planète Mondas, qui dans le passé était une planète sœur de notre belle planète Terre.

Les cybermen étaient comme des êtres humains, mais ils ont commencé un processus de remplacement des pièces de leur corps avec des systèmes mécaniques.

Ces cyborgs ont pas d'émotions, car ils pensent que ce est un symbole de faiblesse.

Ils veulent prendre les humains à leur planète et les transformer en Cybermen.

Refonte des Cybermen
2006

B9
Perdu dans l'Espace
CBS
Robert Kinoshita
1968

Le modèle B9 est un Robot de **l'environnement** fait pour aider la famille Robinson à bord du vaisseau spatial Jupiter 2.

Le Robot est armé et capable de résoudre les problèmes de la famille doit faire face. Son meilleur ami est William, le plus jeune enfant à bord.

Il peut se déplacer à travers les roues, parler, rire et il peut aussi faire des calculs. Il utilise ses capteurs pour détecter les problèmes et danger.

Rem
La course de Logan
CBS
William F. Nolan
1977

REM est un Robot de 200 ans android. Il est un Robot très intelligent qui répare et entretient d'autres Robots.

La plupart des humains dans Ville de Pierre est mort, mais le **serviteur** de Robot continuait à fonctionner.

Certains des Robots capturés Logan et Jessica. Ce sont deux êtres humains qui se enfuient d'un endroit où ils doivent mourir quand ils atteignent 30 ans.

REM les a sauvés et, ensemble, ils ont continué à chercher un endroit appelé Sanctuaire.

Twiki

Buck Rogers au 25ème Siècle
NBC
Glen A. Larson
1979

Ce petit android est un "Ambuquad." Il est un type spécial de Robot qui travaille dans les mines spatiales.

Twiki parle notre langue, mais fait un bruit particulier.

Quand il fait quelque chose et de parler à d'autres Robots, il ressemble à:

"Biddi- Biddi- Biddi"

Twiki est l'assistant du docteur Theopolis. Ce Robot est un ordinateur monté sur un disque.

Depuis Docteur Theopolis ne peut pas bouger, Twiki le porte sur sa poitrine en utilisant ses bras forts Robotiques.

Le nom de cet androïde a été créé en utilisant les lettres initiales de la voix des enfants entrée Identicant en anglais: VICI. Tout le monde aime l'appeler Vicki.

Elle a été créée par le père de la famille de la Lawson. Il est un ingénieur qui travaille pour la compagnie Robotronics.

La famille a décidé de la garder comme un secret, mais ils l'ont adopté comme un membre de la famille.

Vicki obtient son énergie d'une batterie interne atomique. Elle est très forte et ultra court. Elle ressemble à une jeune fille de 10 ans, mais elle ne est pas en mesure de montrer des émotions.

Données est un androïde avec des capacités informatiques très puissants parce qu'il a un **cerveau Positronic**. Il se intéresse à la compréhension du comportement humain.

Il est capable de sentir et le sens. Avec l'aide d'un circuit intégré, il peut se développer émotions. Il fait partie de l'équipage à bord de l'Enterprise.

Vous rappelez-vous les mots suivants?

Space: la dernière frontière. Ce sont les voyages du vaisseau Enterprise. Sa mission continue: explorer de nouveaux mondes étranges, de rechercher une nouvelle vie et de nouvelles civilisations, d'aller là où personne ne est allé avant.

Vocabulaire

Armes: tout instrument utilisé pour lutter contre ou la chasse.

Assemblé: Pour emboîter les pièces ou les morceaux.

Étranger: Quelqu'un de la terre.

Bender: Cela peut être incurvée.

Bonheur: Le sentiment quand vous êtes heureux.

Boîtier: Un couvercle externe.

Cerveau Positronic: L'ordinateur central les contrôles du Robot semblable au cerveau human's.

Déguisez: Pour modifier l'apparence externe.

Environnement: relatif à l'environnement ou la nature autour.

Exterminez: Pour tuer ou détruire tous.

Boldly: Faire quelque chose sans crainte.

Vélo volant: Ce est un vélo qui la place des roues de toucher le sol, il utilise de l'air.

Inappropriée de: Non droite, pas convenable.

Industrielle: Ce est fait de travail en usine ou dans l'industrie.

Interface: interconnexion entre les systèmes, l'équipement, des concepts, ou des êtres humains.

Inventeur: La personne qui fait de nouvelles choses jusqu'alors inconnu.

Invention: Quelque chose de nouveau que personne n'a vu ou fait auparavant.

Malbouffe: Les aliments qui ne est pas sain.

Pièces de rechange: Pièces que vous utilisez pour fixer équipement endommagé.

Populaire: Quelque chose ou quelqu'un que tout le monde le sait, aime ou apprécie.

Refonte: Pour faire une nouvelle version ou de conception.

Réassembler: Une fois que les parties sont séparées ils peuvent être réunis à nouveau.

Remords: Un sentiment d'être désolé pour faire quelque chose de mal ou de mauvais dans le passé.

Servant: Quelqu'un qui est embauché pour faire le ménage ou travaux personnels tels que le nettoyage ou la cuisine.

Tristesse: Le sentiment quand vous êtes triste.

Vidéo projecteur: Un dispositif pour projeter un faisceau de lumière, une image ou un film.

méchants: Une personne cruels ou malveillant.

Écran: un écran pour afficher les informations.

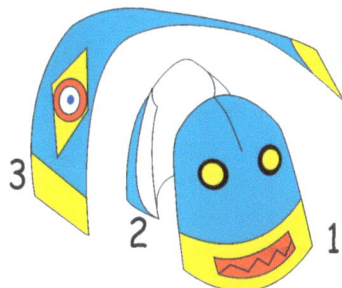

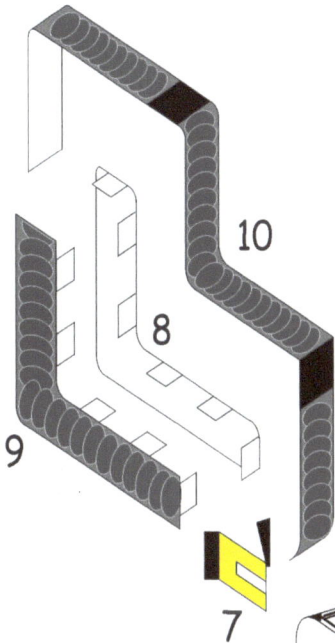

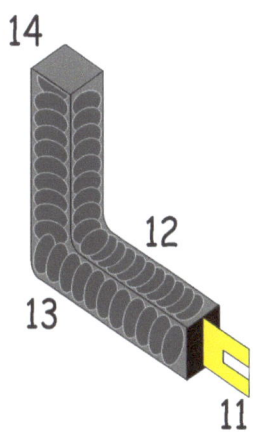
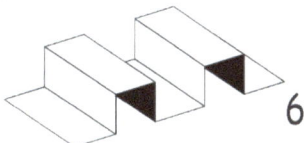
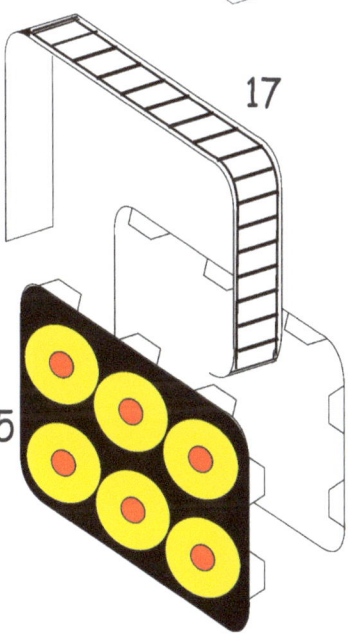
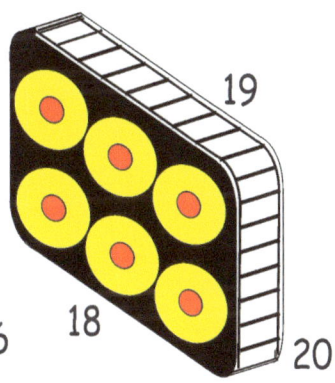

INNOVENTION
ACADÉMIE POUR GARÇONS ET FILLES

COMPÉTENCES

Social
Estime de soi, timidité, patience, anxiété, comportement, discipline, empathie, tolérance à l'échec, respect, motivation, conscience écologique.

Formatif
Mathématiques, électricité, électronique, mécanique, mécatronique, robotique, médecine, agroécologie, magie, danse et anglais.

Cognitif
Déficit d'attention, concentration, raisonnement, évaluation, analyse, créativité, mémoire, logique, calcul mental, lecture, compréhension, langage.

Espiègle
Jeux, concours, expérimentations, intonation, chant, rythme et danse, jeu d'acteur, expression orale, coordination.

COURS

Lecture
Un enfant qui ne sait pas bien lire (pas seulement lire), ne comprend pas bien, n'écrit pas bien, met plus de temps à apprendre et génère une aversion pour la lecture.

Matematiques
C'est plus facile à utiliser la calculatrice pour réfléchir, c'est pourquoi les garçons exercent de moins en moins leur cerveau. Nos mathématiques sont basées sur le calcul mental et sont plus amusantes.

Concentration
Elle génère des difficultés de comportement, d'attention. Problèmes pour les enseignants, les camarades de classe, les parents et, très important, pour l'enfant lui-même.

Danse
Savoir danser est un besoin social. Un enfant qui apprend à danser sera un adulte heureux sans problèmes d'adaptation. L'intonation et le rythme améliorent la coordination et le synchronisme.

Électronique
Presque tous les appareils modernes comportent une partie électronique. Ce cours permet de connaître les appareils, leur fonctionnement et leur application dans les circuits et équipements électroniques.

Robotique
Tous les aspects de la robotique à différents niveaux de formation De ses fondamentaux et applications, à la conception et la construction de mécanismes robotiques et d'automatisation.

Électricité
L'électricité est présente dans la vie quotidienne. Connaître les bases du fonctionnement des circuits des appareils électriques et de leur réparation est un sujet amusant pour les enfants.

Magie
Faire des tours de magie à n'importe quelle réunion place les garçons au centre de l'attention. Des tours avec des cartes, des chiffres et des spectacles d'illusionnisme ajoutent des moments de grand plaisir.

Mécanique
Utiliser un matériau dans une machine nécessite de connaître sa structure, sa résistance et sa durabilité. Ce cours enseigne les mécanismes avec divers matériaux et leur application en robotique.

Mécatronique
est la combinaison de l'électronique, de la mécanique et du contrôle, pour réaliser des dispositifs fonctionnels de faible poids, de haute résistance, aux fonctions complexes et parfois automatiques.

Médecine
Connaître les systèmes fondamentaux du corps humain, permet de prévenir les maladies futures. Comprendre la santé humaine et la nutrition aidera à une bonne croissance.

INNOVENTION

sales@latin-tech.net
+1 305 742 7565 ENGLISH
+1 305 848 3517 ENGLISH

www.innovention.us

contacto@innovention.us
+57 312 840 5570 FRANÇAIS

ROBOTS

pour Enfants

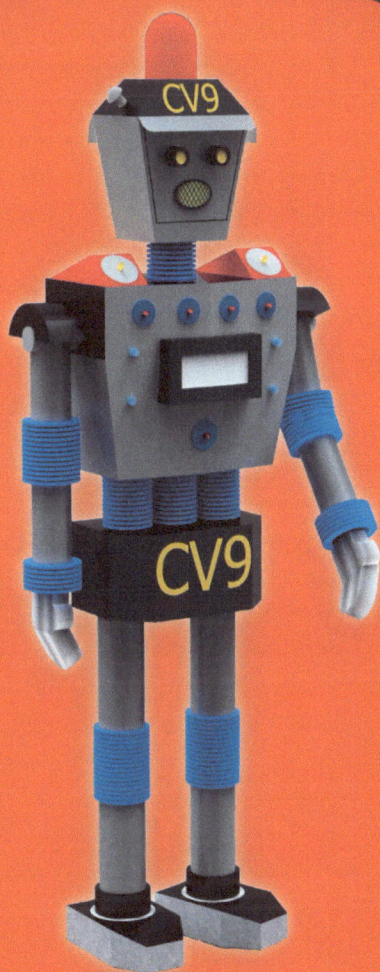

Robots de Cinéma

Professeur Charria

Vous aimez les Robots?

Pour les filles et les garçons créatifs.
Parce que notre avenir dépend d'eux.

f **Robot Story**

Miami, FL, USA

Table des matières

Robots de Cinéma

Les Robots suivantes sont célèbres parce qu'ils ont fait leur apparition dans les films.

Nous avons essayé de vous donner le nom de la première (personne ou entreprise) qui a développé le concept ou le nom du robot.

Certains caractères sont basés sur un livre si, dans ce cas, l'auteur du livre est le créateur du robot.

Dans certains autres cas, le robot est attribué à une entreprise ou un designer industriel.

Le créateur est considéré comme le créateur du robot.

Maria
Metropolis
UFA
Thea Von Harbou et Fritz Lang
1927

Maria est l'un des premiers robots à apparaître dans les films. Elle est l'un des personnages principaux dans le film 1927 allemand, Metropolis.

Elle est un androïde qui **ressemble** à une fille nommée Maria.

Ce robot femelle **encourage** les travailleurs de la ville à se **rebeller** contre les propriétaires de l'entreprise haut de gamme.

Maria est un robot très célèbre.

Aujourd'hui, elle est utilisée comme une **référence** dans les films de robots.

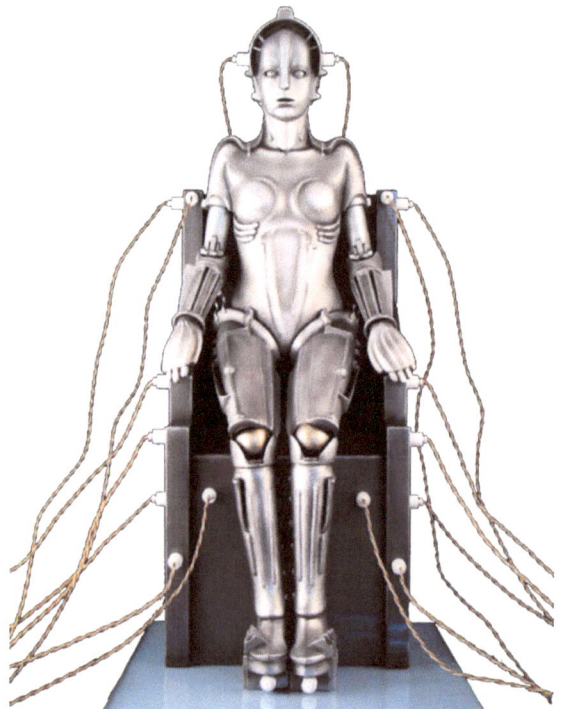

Gort

Le Jour où la Terre se Arrêta
20th Century Fox
Harry Bate
1951

GORT est un grand robot de huit pieds qui est venu dans une **soucoupe** volante pour protéger son ami Klaatu.

Il dispose d'un puissant faisceau qui sort de ses yeux. Il utilise ce faisceau quand il veut détruire quelque chose.

Il n'a pas de bouche. Il se **désintègre** en petits morceaux qui peuvent détruire tout ce qu'ils touchent.

Robbie
La Planète Interdite
Metro Goldwyn Mayer
Robert Kinoshita
1959

Robbie était l'un des premiers robots à apparaître dans les films.

Il n'a pas de visage mais il a beaucoup de **capteurs** pour l'aider se déplacer facilement.

Sa hauteur est de 211 cm. Il est apparu pour la première fois dans un film de science-fiction nommé, "La planéte **Interdite**"

Après ce film, il est devenu célèbre apparaît régulièrement y dans d'autres séries de télévision, des films, des spectacles y Le robot a été conçu par Robert Kinoshita.

Gunslinger

Metro Goldwyn Mayer
Irwin Allen et Block Adler
1973

Gunslinger est un robot qui est très rapide avec des fusils.

Il est programmé pour participer à des **duels** qu'il ne gagne jamais.

Il appartient à un parc d'attractions où les robots servent tous les visiteurs dans tout ce qu'ils veulent.

En raison d'un virus informatique, tous les robots du parc ont commencé à mal fonctionner.

Gunslinger y d'autres robots tués certains visiteurs au parc d'attractions.

Les techniciens du parc superviseurs y essayé de mettre le parc sous contrôle en **arrêtant** le pouvoir, mais ils ne pouvaient pas.

R2D2 et 3P0

La Guerre des Galaxies
20th Century Fox
George Lucas
1977

Ces deux robots est devenu très célèbre après le film réussi: La Guerra des Galaxies.

R2D2 (épeautre Artoo-Detoo en anglais) est un robot à roues appuyé sur trois pattes.

Il est chargé avec beaucoup **d'outils**, d'armes, y capteurs. C-3PO (See-Threepio épeautre) est l'ami de R2D2.

Il est un androïde de **protocole** conçu pour servir les humains. Il est capable de parler en millions de formes de **communication**.

Marvin

Le Guide du voyageur galactique
BBC
Douglas Adams
1981-2005

Marvin est une unité de robot **défectueux** fabriqué par Sirius cybernétique Corporation.

Marvin est un androïde avec deux sentiments différents: **Dépression** y Ennui.

Cela arrive parce que son puissant cerveau ne est pas entièrement utilisé.

Chaque tâche semble être si simple que Marvin se ennuie.

Son cerveau est la taille d'une planète. Même les plus grands calculs deviennent très facile pour lui.

Pour lui remonter le moral, certains de ses amis au vaisseau spatial appelé Coeur d'Or, essayez de le tenir occupé.

Ash
Alien
20th Century Fox
Dan O'Bannon et Ronald Shusett
1979

Ash est un androïde très sophistiqué.

Il est un agent de la science, qui fait partie de l'**équipage** à bord du vaisseau spatial Nostromo.

Quand ils ont découvert une nouvelle forme de vie sur une planète très loin, il a secrètement reçu l'ordre de prendre une étrangère à la terre, peu importe si l'équipage ne survit pas.

Il a désobéi aux ordres du capitaine y mettre tout le monde dans une situation dangereuse.

Ash semble y se comporte comme un être humain.

Héctor

Saturne 3
ITC Entertainment
John Barry
1980

Héctor est un robot **expérimental** qui est porté à l'une des lunes de la planète Saturne.

Dans cette lune, un couple de scientifiques ont travaillé sur la culture vivrière **hydroponique** pour nourrir la terre **surpeuplée**.

Héctor est un grand robot de deux mètres, assemblé par un technicien avec des problèmes mentaux nommés Benson.

Le robot a une intelligence artificielle basée sur les tissus du cerveau humain, qui peut être programmé en utilisant une **prise** sur le cou Benson's.

Il commence à agir selon le comportement Benson's.

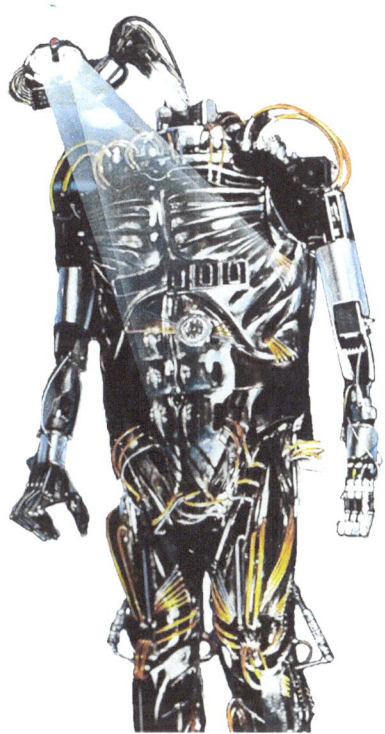

Terminateur

Terminateur
Orion Pictures
James Cameron, Gale Anne Hurd et William Wisher Jr
1984

Terminateur est un robot fabriqué par une société nommée Skynet.

Les Terminateur sont robots android avec un regard humain parfait.

Ils peuvent sentir la sueur y se **infiltrer** facilement chez l'homme.

Son principal objectif est d'éliminer tous les types de **résistance** jusqu'à ce qu'ils peuvent **exterminer** les humains.

Le premier terminateur a été envoyé du futur (2029) à nos jours à tuer une jeune fille nommée Sarah Connor depuis qu'elle sera la mère du **chef** de la résistance dans les temps futurs.

Johnny 5
Court-circuit
TriStar Pictures
S.S Wilson et Brent Maddock
1986

Nombre 5 est le **prototype** d'un robot à **roues**, faites par la Nouvelle Laboratories.

Le but est d'utiliser le robot dans les opérations militaires.

Il reçoit une **surtension** quand il se charge.

Cela modifie son programme y produit un **dysfonctionnement** qui développe des sentiments ya sens de protéger les vies humaines.

BB

Ami Mortel
Warner Bros
Diana Henstel
1986

BB est un robot avec l'intelligence **artificielle** qui peut dire son nom y agissent parfois de sa propre.

Il a été créé par Paul, un jeune garçon brillant qui a déménagé y à une nouvelle ville pour assister à des **cours très spécialisés** sur neurologie y Intelligence Artificielle à un très prestigieuse université scientifique.

BB est détruit par le voisin d'un Paul.

Samantha, un des amis de Paul, est sur le point de mourir si il utilise un **circuit intégré** d'Intelligence Artificielle de BB pour sauver sa vie.

Samantha devient un corps humain avec un cerveau robotique.

Robocop

Robocop
Orion Pictures
Edward Neumeier et Michael Miener
1987

Murphy est un policier qui a une belle famille.

Après avoir été attaqué par certains criminels, son corps est utilisé par une société nommée Corporation consommateurs Omni, dans le cadre d'un nouveau **développement** en robotique.

Il devient une partie y humaine moitié robot. Son cerveau est programmé pour agir comme un flic.

Andrew

Homme bicentenaire
Touchstone Pictures et Columbia Pictures
Isaac Asimov
1999

Andrew est un androïde acheté par la famille Martin pour aider avec les activités de tenue de maison.

Ils ne savent pas que Andrew est spécial.

Il développe les émotions y montre la **créativité**.

Dans les quatre **générations** plus tard, il tente de devenir humaine.

Cette page a été intentionnellement
laissée en blanc

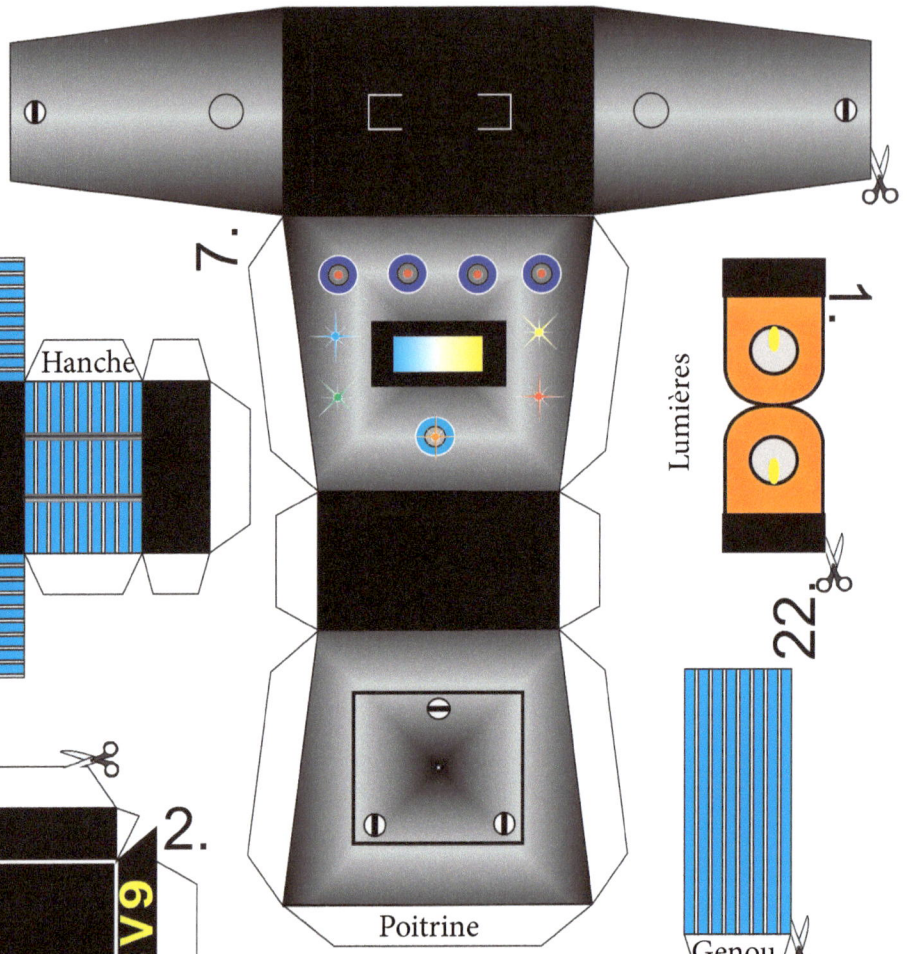

7.

Poitrine

16.

Hanche

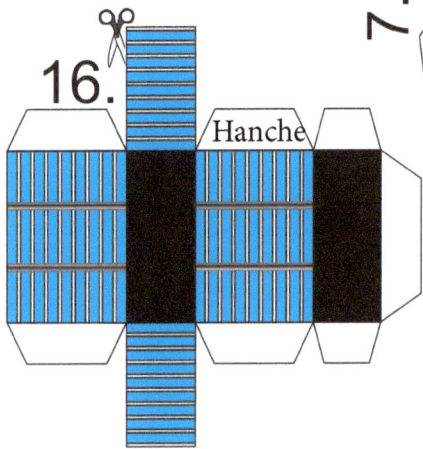

2.

CV9

Casquette

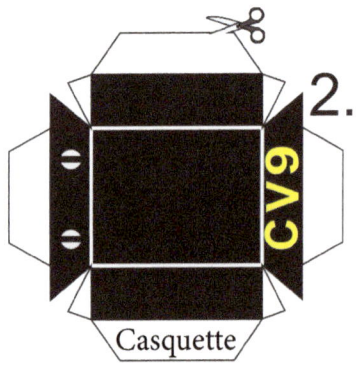

Lumières

1.

22.

Genou

17.

Hanche

CV9

Bras

8.

CV9

Latin Tech

6.

Cou

19.

Genou

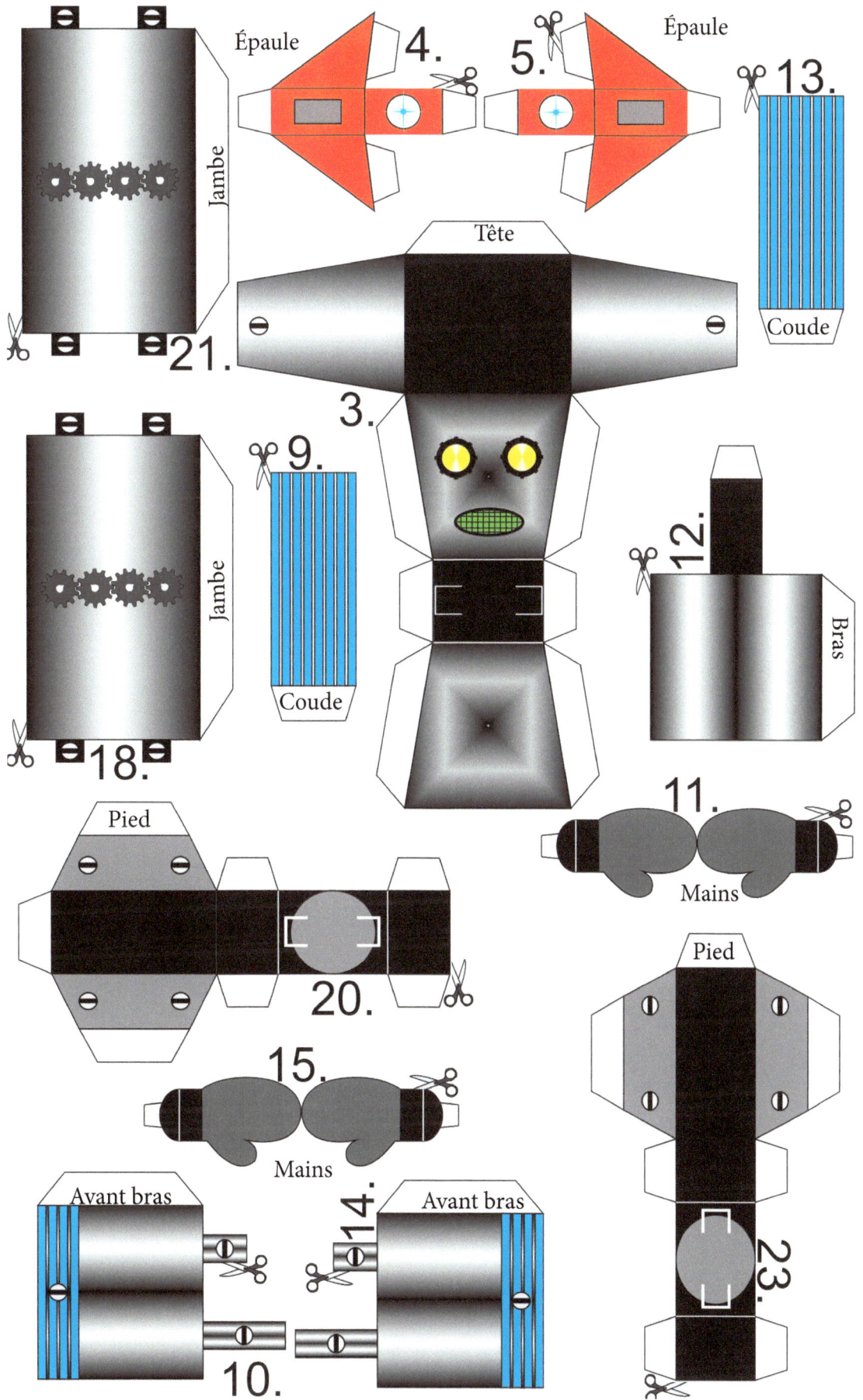

Épaule 4. 5. Épaule

13.

Jambe

Coude

21.

Tête

3.

9.

Coude

12.

Bras

18.

Jambe

Pied

11.

Mains

20.

15.

Mains

Pied

Avant bras 14. Avant bras

23.

10.

Le Géant de Fer

Warner Bros
Ted Hughes
1999

Ce robot tombe accidentellement dans une petite ville du nom de Rockwell. Hogwarth, un enfant de neuf ans, le découvre y devient plus tard son professeur ami y.

Le Géant de Fer est chassé par l'armée. Hogwarth essaie d'éviter le conflit y explique la situation.

L'armée lance un missile contre le robot. Hogwarth understys que le robot doit se **sacrifier** pour sauver les personnes dans la ville.

Il se envole y explose dans l'air après avoir été atteint par le missile. Mais il ya une surprise pour la tristesse de Hogwarth...

David

Intelligence Artificielle
Dream Works et Warner Bros
Brian Aldiss
2001

David fait partie d'une ligne très intelligente de robots enfants qui peuvent montrer des émotions.

Il est acheté par une mère dont le fils a une maladie très rare qui devient plus tard curable.

Quand le fils réel devient saine, David est contraint de **survivre** seul dans un monde où les robots ne sont pas les bienvenus.

Son intelligence lui permet de chercher son créateur.

Il veut récupérer sa mère aimante.

"Je robot"" est un film **inspiré** par l'un des livres d'Isaac Asimov.

Sonny est un robot androïde accusé d'avoir tué son créateur y scientifique de briser Les Trois Lois de la robotique.

Sonny appartient à une nouvelle génération de robots de la société US Robotics. Il devient par la suite un **fugitif**.

Rodney Copperbottom

Robots
20th Century Fox
Chris Block et William Joyce
2005

Rodney est un enfant-robot, qui a toujours voulu être un inventeur.

Une de ses inventions généré un problème avec le patron de son père qui l'a forcé à quitter sa petite ville y aller à Robot Ville.

Dans cette ville vit un robot, nommé GrandSoudeur, qui admire Rodney. Là, il fait de nouveaux amis: les Rouillés.

Wall-E

Wall-E
Studios d'animation Pixar/ Walt Disney Pictures
Andrew Stanton et Pete Docter.
2008

Un **MégaSociété** a fait les gens achètent en grandes quantités.

Les personnes détruits la planète en couvrant le monde entier avec les ordures.

Pour cette raison, ils ont dû quitter la planète depuis cinq ans.

Wall-E est un robot **compacteur** de basura laissé derrière pour nettoyer la Terre.

Atom

Géants d'Acier
Dreamworks Pictures
Richard Matheson
2012

En l'an 2020, seuls les robots sont autorisés à se battre parce qu'il a été interdit aux humains.

Lorsque vous cherchez des pièces robotiques dans un **dépotoir**, un petit garçon nommé Max, découvre le robot Atom.

Dans le passé, ce robot a été utilisé pour l'**entraînement** de boxe.

Max aide son père, pour former le robot afin de participer à des compétitions de boxe.

Atom est très forte y survit à plusieurs combats contre d'autres robots très puissants.

Vocabulaire

Arrêt: Retrait de l'électricité.

Alien: Quelqu'un de la terre.

Artificielle: Quelque chose fait par les humains.

Capteurs: Dispositifs qui aident à détecter ce qui est autour de vous.

Circuit intégré : Circuit électronique.

Communication: Façon de changer des informations avec d'autres.

Compacteur: Dispositif qui presse le thrash d'avoir un plus petit paquet.

Créativité: Avoir la capacité de faire des choses originales ou imaginatives.

Des cours spécialisés: Cours qui ne sont pas fréquent de trouver.

Duels: Deux personnes se affrontent avec des armes.

Dysfonctionnement: Ne fonctionne pas correctement.

Défectueux: Ne fonctionne pas correctement.

Dépression: Un sentiment d'être malheureux.

Désintégration: Briser en plusieurs petits morceaux.

Développement: Processus de création d'un nouveau produit.

Encourager: Pour suggérer aux gens de faire quelque chose.

Equipage: Groupe de personnes qui commandent un navire.

Expérimental: Quelque chose que vous ne savez pas comment cela fonctionne ou réagit.

Exterminez: Pour tuer un groupe jusqu'à ce qu'il ne reste.

Entrainament: l'exercice que quelqu'un le fait régulièrement à la pratique.

Fugitif: Qui se enfuit de la loi ou un groupe.

Générations: Le temps qui passe entre la vie d'une personne y la naissance de ce person's enfants.

Hydroponique: Méthode de croître nourriture sans sol, mais avec de l'eau.

Infiltrez: Pour faire partie d'un groupe sans que personne ne se en aperçoive.

Inspiré: L'origine d'une idée.

Vocabulaire

Interdite: Quelque chose que vous n'êtes pas autorisé à le faire, quelque part vous n'êtes pas autorisé à aller.

Dépotoir: Lieu où vous trouverez juste poubelle.

Chef: Quelqu'un qui dirige un groupe.

Outils: Éléments que vous utilisez pour faire des choses.

Protocole: Un mode de comportement correct conduite y.

Prototype: Le premier robot étant faite.

Rebel: De refuser d'obéir.

Ressembler: Pour ressembler à quelqu'un.

Roues: Quelque chose qui a des roues

Référence: Quelque chose ou quelqu'un à comparer avec.

Résistance: L'opposition à quelque chose ou quelqu'un.

Sacrifice: Pour donner votre vie pour quelque chose ou quelqu'un.

Saucer: Un petit plat rond et plat.

MégaSociété: Grande entreprise.

Prise: Un trou où vous pouvez connecter un équipement électrique.

Soucoupe volante: Type d'objet volant non identifié (OVNI).

Surcharge: Une augmentation soudaine du niveaude l'électricité.

Surpeuplée: La place avec beaucoup de gens qui y vivent.

Surtension: Haute puissance le surcoût y crée un dysfonctionnement.

Survivre: Pour rester en vie.

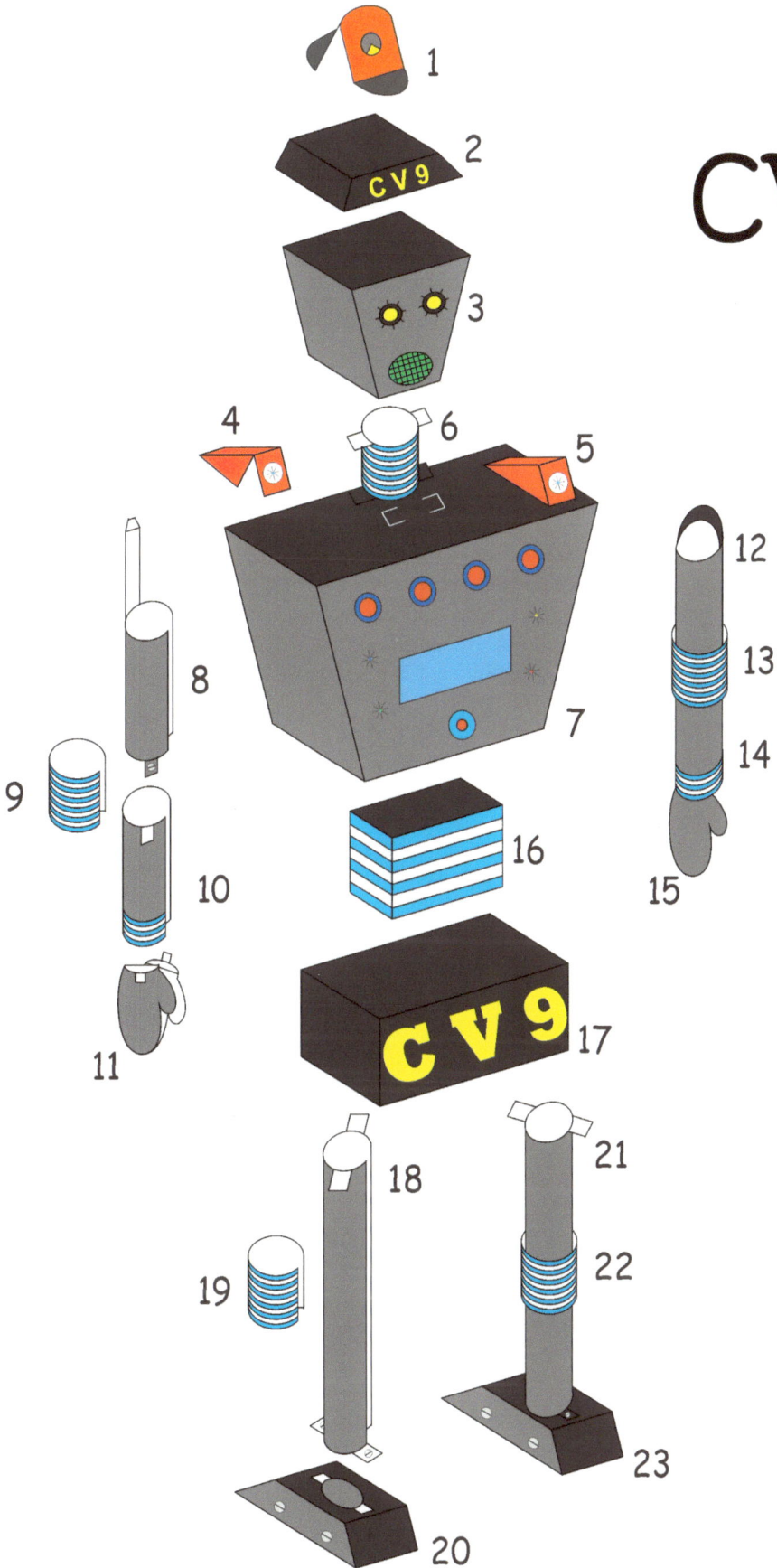

CV9

INNOVENTOR

Innovention vous accueille dans un univers de connaissances. Nous voulons que vous vous amusiez, que vous appreniez beaucoup et que vous nous aidiez à créer des produits et des projets qui protègent l'écologie de la planète et en général, qu'ensemble nous contribuions à un monde meilleur.

Pour être un INNOVENTEUR, les participants doivent s'engager à:

1. Combattez l'ennui, le bâillement et la paresse.
2. Éducation : regarder dans les yeux, saluer en arrivant et en sortant d'un lieu.
3. Obéissez à votre guide, parents et enseignants.
4. Répondez gentiment à toute demande (évitez de dire non).
5. Demandez la permission de toucher ou de déplacer quelque chose qui ne vous appartient pas.
6. Accompagnez vos désaccords d'arguments sur un ton de voix normal.
7. Ne vous moquez pas de vos camarades de classe et ne les agressez pas physiquement ou verbalement.
8. Ne jetez rien. Arrangez, composez et ne nuisez jamais exprès.
9. Rivaliser et profiter du résultat de Gagner ou Perdre.
10. Terminer ce qui est commencé.
11. Être de ceux qui s'ajoutent et non de ceux qui restent.
12. Respectez l'avis des autres, laissez-les parler et demandez la parole.
13. Améliorez-vous dans tout ce que vous faites à Innovention, à l'école et à la maison.

sales@latin-tech.net
+1 305 742 7565 ENGLISH
+1 305 848 3517 ENGLISH

contacto@innovention.us
+57 312 840 5570 FRANÇAIS

www.innovention.us

www.ingramcontent.com/pod-product-compliance
Lightning Source LLC
Chambersburg PA
CBHW052043190326
41519CB00040BA/178